U0394974

奶山羊健康高效养殖系列丛书

奶山羊主导品种及体型外貌鉴定技术

赵启南◎主编

中国农业出版社

北　京

图书在版编目（CIP）数据

奶山羊主导品种及体型外貌鉴定技术／赵启南主编
. —北京：中国农业出版社，2021.9
（奶山羊健康高效养殖系列丛书）
ISBN 978-7-109-28854-6

Ⅰ.①奶⋯　Ⅱ.①赵⋯　Ⅲ.①奶山羊–家畜育种
Ⅳ.①S827.92

中国版本图书馆CIP数据核字（2021）第211826号

中国农业出版社出版
地址：北京市朝阳区麦子店街18号楼
邮编：100125
策划编辑：王森鹤　周晓艳
责任编辑：周晓艳
版式设计：杜　然　责任校对：沙凯霖　责任印制：王　宏
印刷：北京通州皇家印刷厂
版次：2021年9月第1版
印次：2021年9月北京第1次印刷
发行：新华书店北京发行所
开本：700mm×1000mm　1/16
印张：7.75
字数：125千字
定价：78.00元

赵启南，动物遗传育种与繁殖专业博士，现就职于内蒙古自治区农牧业科学院。任国家肉羊产业技术体系产业研发中心办公室主任兼首席科学家助理，内蒙古自治区农牧业科学院奶山羊课题组学科带头人，中国特种乳羊乳专业委员会及《中国乳业》奶羊专刊编辑委员会委员。

主要在奶山羊种质资源创新与利用、规模化奶山羊场养殖技术研发与示范、集约化奶山羊羔羊高效培育技术模式研发与示范等相关领域开展技术研究，并积累了多项适宜北方寒冷地区进行奶山羊集约化养殖的实用技术。主持国家外国专家局引智项目、内蒙古自治区自然科学基金、"科技兴蒙"成果转化项目、内蒙古自治区农牧业科技推广等奶山羊领域项目8项，参与农业农村部国家肉羊产业技术体系建设等项目5项；发表学术论文22篇，编著图书3部；获批国家专利9项；制定奶山羊地方标准4项；获"第四届吴常信院士优秀论文奖""第十八次全国动物遗传育种讨论会优秀论文特等奖"，以及法国Evolution Internationale所颁发的"奶山羊育种员"资质证书。

本书编写人员

主　编：赵启南

副主编：孟子琪　荣　华

参　编：李长青　王　斐　王礠礠　刘　峰

　　　　Guido Bruni（意大利）

　　　　Lopez-Villalobos Nicolas（新西兰）

主　审：罗　军

顾　问：金　海　李发弟

本书支持项目

1.内蒙古自治区自然基金项目（2020BS03017）

2.内蒙古农牧业创新基金项目（2019CXJJM02）

3.2020年高端外国专家引进计划"内蒙古奶山羊优良种羊鉴定
及高产奶山羊全基因组SNP芯片选择技术的研发与示范"

4.内蒙古自治区财政支持农牧业科技推广示范项目（2020TG06-7）

Preface 序

　　奶山羊是以产奶为主要经济用途的山羊品种，是经过不断选育而成的专门化奶用家畜。随着人们对羊奶营养价值的认同及健康消费理念的提升，我国羊奶消费市场快速拓展，奶山羊产业进入了发展的快车道。从中央到地方的奶业振兴政策陆续出台和"奶业振兴计划"的实施，使得奶山羊养殖规模、产奶性能和产品质量等都迈上了新台阶，奶山羊业已成为我国奶业的重要组成部分和部分省（自治区）农民增收的支柱产业。

　　世界奶山羊品种约60余种，有瑞士萨能奶山羊、吐根堡奶山羊、阿尔卑斯奶山羊等优良品种，其中萨能奶山羊年产奶量可达1 200kg。据2020年公布的《国家畜禽遗传资源品种名录》记载，我国现有主要奶山羊品种包括关中奶山羊、崂山奶山羊、文登奶山羊和雅安奶山羊，泌乳期平均产奶量600kg左右。但我国奶山羊仍然存在良种覆盖率低，标准化、规模化程度较低等问题。体型外貌评定技术最早用于奶牛选种，直到1989年美国奶山羊协会发布萨能奶山羊体型外貌评定技术并开始推广应用。该技术有助于筛选优秀个体、选种选配、改良后代、延长使用年限并进一步提高养殖效益。

　　青年科研工作者赵启南博士编写的《奶山羊主导品种及体型外貌鉴定技术》一书，首次对我国奶山羊群体选择的体型标准进行了描述与定义。在参考诸多国内外相关资料的基础上，结合工作中悉心收集、整理的大量清晰、翔实的照片，从体型结构特点出发，分别系统、详细地介绍了奶山羊头部、躯干、肢蹄、泌乳系统及生殖器官的形态特点和鉴别技术。书中介绍的内容对提高我国奶山羊群体质量、提升养殖效益、淘汰不良个体等均可发挥重要作用。同时，对从事奶山羊生产的科研人员、相关的产业技术人员及农牧民养殖户来说，也是一部兼顾科普性、实用性与科学性的参考书，将在我国奶山羊遗传改良计划、新品种培育、良种化提升工作中发挥积极作用。

2021年夏

Foreword 前言

　　我国是最早认知羊奶医学功效的国家之一，在《本草纲目》《千金方》《魏书》等古籍中都大量记载了羊奶独特的保健功效。自19世纪末欧洲传教士将少量奶山羊个体带入我国，后经国内先辈大量扩繁推广，为我国现今奶山羊产业的发展奠定了坚实的种业根基和群众基础。近些年奶山羊产业与农村经济发展、农民增收、产业脱贫、奶业振兴等国家重大战略联系愈加密切，以及羊奶独特的保健功能逐渐被人们所认识，使得羊奶消费市场快速升温，大量企业资金投向奶山羊全产业链的各个环节，迅速推动着我国奶山羊产业从传统散养快速向集约化、标准化、现代化模式变革。奶山羊产业科技研发速度加快，引领集约化生产环节稳步提升，带动产业下游的乳品加工能力和产品研发水平持续提高，迎来了历史上空前利好的发展机遇。

　　然而为了抢占羊奶市场的窗口期，活羊交易市场上出现了"鱼目混珠""以次充好"，甚至"指鹿为马"将肉山羊作为奶山羊出售的乱象，致使奶山羊群体生产能力低下，养殖利润微薄，使广大养殖群体蒙受损失，同时也为我国奶山羊产业发展及种业质量提升埋下隐患。为此，笔者根据从事奶山羊生产过程中积累的经验与收集的照片，结合国内外相关文献报道，汇编成此书，旨在使广大奶山羊养殖人员知晓优良奶山羊体型外貌特点及鉴别技术，及时剔除羊群中不符合乳用特征的个体，并辅以科学合理的选配技术，提高羊群质量与生产效益，希望能为我国继续培育优良奶山羊新品种奠定技术理论基础。

　　在成书过程中，笔者得到了呼和浩特市海西路小学教导处主任荣华老师的协助，其详细解析了奶山羊的体型骨骼结构；山东省农业科学院柳尧波研究员及王维婷研究员、绵阳市农业科学研究院汪代华研究员及周爱民博士、西北农林科技大学史怀平教授、山东青岛畜牧工作站程明老师与北京奥莱特公司尤克强老师也为笔者提供了大量难以获得的与奶山羊相关的早期古籍与素材；同时，内蒙古盛建生物科技有限责任公司、内蒙古特羊牧业科技有限公司及内蒙古君羊牧业有限公司对本书的撰写工作提供了诸多便捷与支持，借此契机一并表示由衷地感谢。

　　虽经反复修改完善，但书中也难免有所疏漏，还望广大读者及奶山羊领域的从业人员多提宝贵意见（邮箱：s.pippen.33@163.com），共同助推我国奶山羊产业的健康发展。

编　者

2021年5月11日于内蒙古自治区呼和浩特市

Contents 目 录

奶山羊主导品种

在动物分类学中，山羊属于哺乳纲、偶蹄目、牛科、羊亚科。16世纪中叶以后，随着人类生活需求的多样化和科学技术的进步，人们开始有意识地对所饲养的山羊，在自然选择的基础上进行目标性状的选择。目前，家养山羊大致分为三类，即：肉用山羊、乳用山羊与绒毛用山羊（图1-1）。

肉用山羊　　　　　　　乳用山羊　　　　　　　绒毛用山羊

图1-1　常见山羊分类

肉用山羊体躯结实，身体厚重，呈方桶状，广泛分布于我国四川、云南等南方各省；乳用山羊体型纤细，大致呈楔形，外貌清秀，主产于陕西、山东、河南中原地区；绒毛用山羊毛长绒细，被毛浓密，但个体相对矮小，主要分布于内蒙古、新疆、甘肃、辽宁等北方放牧地区。以上三类山羊外貌特点鲜明，用途各异，农民牧户可需根据生产目的，选择适合当地气候特征的品种进行饲养。

奶山羊是从山羊中选育分化出来的高泌乳类山羊品种。目前，世界上优良的奶山羊品种和种群主要集中分布于欧洲，其中瑞士育成的萨能奶山羊以选育历史悠久，全球分布广泛，且产奶量高而闻名于世界，许多国家培育的奶山羊品种均含有萨能奶山羊血统。在我国，奶山羊最早由西方传教士带入，1932年正式批量引进，主要为萨能奶山羊，并且在陕西、山东及四川等地方山羊品种进行杂交，逐渐培育形成了4个奶山羊国审新品种，即关中奶山羊、崂山奶山羊、雅安奶山羊和文登奶山羊。

一、国外优良品种

1.萨能奶山羊

（1）品种概要　萨能奶山羊（Saanen）原产于瑞士西北部伯尔尼奥伯兰德州柏龙县的萨能山谷地带，并因此而得名。当地气候优良，牧草丰美，居民主要从事奶畜业，对山羊的泌乳性能针对性地进行了长期选育，培育出了具有高产乳用性能的萨能奶山羊。目前，萨能奶山羊是世界上养殖数量最多、分布范围最广的优良品种。

（2）产地条件 萨能山谷地带位于阿尔卑斯山区，海拔在1 000m以上，四周环绕着海拔为1 800 ~ 2 500m的高山。生长在该地区的萨能奶山羊品种皮肤轻薄，皮下脂肪含量少，被毛稀疏且短而粗，无绒，对温度及阳光直射十分敏感，适于亚热带环境气候，且冬季不低于−26℃、夏季不超过38℃的地区饲养。

（3）外貌特征 萨能奶山羊（图1-2）拥有典型的奶畜特征，体型呈楔形，轮廓鲜明，细致紧凑，背腰平直。被毛多为白色，少量呈现浅黄色，服役时间较长的老龄个体嘴尖、耳根和乳房周围出现黑斑，毛短、粗且无底绒，公羊的肩、背、腹、臀部生长着浓密饰毛。皮薄，呈现粉红色。公、母羊一般无角，耳长直立，部分个体颈下靠咽喉处有一对悬挂的肉垂（非品种特性），据说是进化过程中退化的腺体。母羊乳房发达，下部稍向前倾斜，乳头大小适中，但部分个体具有尻部发育弱而且倾斜明显的缺点。

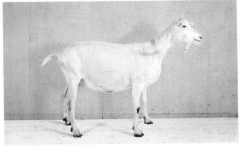

图1-2 萨能奶山羊公羊（左）和母羊（右）

（4）体重、体尺 如表1-1所示。

表1-1 萨能奶山羊体重、体尺

公羊			母羊		
体重（kg）	体高（cm）	体长（cm）	体重（kg）	体高（cm）	体长（cm）
70 ~ 90	85	94 ~ 114	50 ~ 60	76	82

（5）泌乳性能及乳成分 萨能奶山羊的产奶量随分布地区和饲养管理

条件不同而存在较大差异，其中以英国、法国和美国饲养的萨能奶山羊产奶性能为最佳。自1929年以来，该品种的最高产奶纪录（300d泌乳量可达3 430kg）虽然一再被刷新，但始终居于世界奶山羊产奶之最。萨能奶山羊泌乳性能及乳成分见表1-2。

表1-2 萨能奶山羊泌乳性能及乳成分

泌乳期（月）	产奶量（kg）	乳脂率（%）
8～10	600～1 200	3.3～4.4

（6）繁殖性能 萨能奶山羊性成熟较早，通常在4月龄达性成熟，8月龄进行初配，经产母羊平均产羔数可达2.3只以上（图1-3）。因此，牧场建设初期可少量引进基础母羊，通过自繁自育在短期内迅速扩大养殖规模，良种萨能奶山羊利用年限通常可达10年以上。

图1-3 萨能奶山羊产羔数较多

（7）应用状况 萨能奶山羊具有适应性好、抗病力强等特点，可适应多种环境气候，无论乳用与肉用，改良效果都较为显著。据不完全统计，世界上现有的奶山羊品种，半数以上含有不同程度的萨能奶山羊血统。因此，萨能奶山羊成为世界范围内集约化养殖模式下最普遍的选择（图1-4）。1932年我国正式批量引入该品种，并作为父本改良地方奶山羊品种。

萨能奶山羊中带有斑点的个体会被认为具有"颜色缺陷"，但自其表现出良好的泌乳性能后逐渐被人们所接受，美国奶山羊协会（American Dairy Goat Association，ADGA）将带有奶油黄色斑块的萨能奶山羊单独命名为"Sables"。

图1-4 规模化生产的萨能奶山羊

2.吐根堡奶山羊

（1）品种概要 吐根堡奶山羊（Toggenburg）原产于瑞士西北部圣加伦州的奥伯吐根堡和沃登堡地区，用该州的主要盆地——吐根堡盆地命名。吐根堡奶山羊由瑞士的白色亚品塞与西亚姆两种山羊杂交培育而成，是世界上最古老的奶山羊品种。

（2）产地条件 奥伯吐根堡和沃登堡地处北温带，夏季干旱炎热，冬季温暖湿润，年降水量1 000～2 000mm，年均气温8.6℃。

（3）外貌特征 吐根堡奶山羊（图1-5）被毛呈浅褐色或深褐色，脸部两边分布白色或浅色条纹状毛发（民间称之为"獾面"），耳缘、尾部两边、飞节和膝盖下部被毛为白色。具有长毛和短毛两种类型，长毛型的吐根堡奶山羊，背部和大腿部着生长20cm左右的流苏形毛。吐根堡奶山羊体格略小于萨能奶山羊，身体框架很大且结构良好，骨骼重量较轻，头部较长，面部线条微凹。该品种公、母羊一般无角（因产地不同而异），乳房发育充分，部分个体颈下生长肉垂。

图1-5 吐根堡奶山羊公羊（左）和母羊（右）

（4）体重、体尺　如表1-3所示。

表1-3　吐根堡奶山羊体重、体尺

公羊		母羊	
体重（kg）	体高（cm）	体重（kg）	体高（cm）
60～70	78	45～55	70

（5）泌乳性能及乳成分　吐根堡奶山羊整体泌乳量略低于萨能奶山羊，但乳品质尤其是乳脂含量要优于萨能奶山羊（表1-4）。在澳大利亚新南威尔士州测定的吐根堡奶山羊平均产奶量为856kg，乳脂含量为4.1%。该品种最高个体产奶记录为2 613kg。

表1-4　吐根堡奶山羊泌乳性能及乳成分

泌乳期（月）	产奶量（kg）	乳脂率（%）
8～10	856	4.1

（6）繁殖性能　吐根堡奶山羊全年可发情，多集中在秋季；母羊1周岁、公羊1.5岁可参与配种，平均妊娠期151d，繁殖率220%。

（7）应用状况　吐根堡奶山羊因对炎热气候及山地牧场具有较好的适应性，并拥有较好的产奶性能而被引入世界各地，尤其是对非洲奶山羊的育种和发展起到了重要作用。目前，德国、英国、荷兰等国均已育成了本国的吐根堡奶山羊新品系。我国在抗日战争前曾少量引进吐根堡奶山羊。1982年以来，四川、黑龙江等省从英国陆续少量引进，被用于改良地方品种。近些年，陕西、甘肃、内蒙古等省（自治区）从新西兰（图1-6）、澳大利亚引入数量较多的吐根堡奶山羊活体，获得了较好的改良效果。

图1-6　从新西兰引入的吐根堡奶山羊种公羊

3.法国阿尔卑斯奶山羊

（1）品种概要　法国阿尔卑斯奶山羊（French Alpine）起源于法国南部山区的德罗木斯基阿尔普地区，是由瑞士奶山羊与当地山羊品种经长期杂交选育而成的，目前是法国主要的奶山羊品种，占该国山羊总饲养数的70%以上。该品种除广泛分布于法国各地外，还在意大利、美国、阿尔及利亚、摩洛哥、科摩洛群岛及中非国家都有分布。英国、瑞士及意大利等国已育成了各自的阿尔卑奶山羊品系，并以育成国命名。

（2）产地条件　法国南部属亚热带地中海气候，平均降水量约1 000mm，平均气温1月为6～8℃，7月为21～24℃。

（3）外貌特征　该品种奶山羊毛色不一，有白色、棕色、灰色和黑色，主要为浅黄褐色或红棕色，四肢黑色，背部有黑色条纹。眼睛上方到嘴有面部条纹，耳朵边缘、膝盖、飞节、腿内侧、尻部、尾巴下方呈白色或浅灰色。体形呈楔形，体格高大、细长，身体光滑，被毛粗而短（图1-7）。

图1-7　法国阿尔卑斯奶山羊公羊（左）和母羊（右）

（4）体重、体尺　如表1-5所示。

表1-5　法国阿尔卑斯奶山羊体重、体尺

公羊		母羊	
体重（kg）	体高（cm）	体重（kg）	体高（cm）
80～100	85～100	50～70	72～90

（5）泌乳性能及乳成分　1978年法国阿尔卑斯奶山羊个体最高产奶记录为2 194kg。2016年法国奶山羊育种协会对1 299只法国阿尔卑斯奶山羊的泌乳性能及乳成分含量进行了官方测定，详见表1-6。

表1-6　法国阿尔卑斯奶山羊泌乳性能及乳成分

泌乳期（d）	泌乳量（kg）	乳脂率（%）	乳蛋白率（%）
298	929	3.5	3.34

（6）应用状况　法国阿尔卑斯奶山羊广泛分布于世界各地，适应于山地生态条件，尤其是对炎热气候有较好的适应能力，对饲料、饲草条件要求不高，是非常适宜推广引进的国外良种遗传资源。然而目前中法两国海关尚未达成协议，暂不允许流通羊类遗传物质，日后两国若能达成活体或冻精冻胚的进出口协议，将会在极大程度上促进我国奶山羊品种的多样性。

4.英国阿尔卑斯奶山羊

（1）品种概要　英国阿尔卑斯奶山羊（British Alpine）的育成起源于20世纪初。据记载，第一只英国阿尔卑斯类型的奶山羊最早出现于法国。1903年在法国巴黎动物园内出生了一只毛色黑白相间的奶山羊母羊，其全身被毛黑色，但是面部和腹侧则是白色。于是山羊养殖户开始有针对性地对黑白相间的个体进行扩繁，英国农场主用萨能奶山羊与吐根堡奶山羊对其进行杂交改良，使得这个类群体具有了一定数量。1919年将其命名为"British Alpine"，即英国阿尔卑斯奶山羊，并制定了相应品种标准，1926年被录入典籍《畜群册》（*Herd Book*）。有趣的是，英国阿尔卑斯奶山羊却注册于法国，而且美国畜牧协会认为英国阿尔卑斯型奶山羊是法国阿尔卑斯奶山羊的变异品种。

（2）产地条件　巴黎属温和的海洋性气候，夏无酷暑，冬无严寒，年平均气温10℃，年平均降水量619mm。

（3）外貌特征　英国阿尔卑斯奶山羊（图1-8）被毛为黑色，眼睛上方到嘴角有白色毛发，耳朵、四肢、腹部及尾下部多为白色毛发，随年龄的增长，公羊面部毛色会逐渐变淡。该品种体型高大，细致但不羸弱，头长，面部线条呈中凹或笔直状，耳朵直立并略微指向前方，前后肢笔直且平行，飞节略微弯曲，系部短而结实。

图1-8　英国阿尔卑斯奶山羊公羊（左）和母羊（右）

（4）体重、体尺　如表1-7所示。

表1-7　英国阿尔卑斯奶山羊体重、体尺

公羊		母羊	
体重（kg）	体高（cm）	体重（kg）	体高（cm）
≥77	≥81	≥61	≥76

（5）泌乳性能及乳成分　英格兰和威尔士奶销售委员会（Milk Marketing Council of England and Wales）对英国阿尔卑斯奶山羊的产奶量和乳成分进行了统计，结果如表1-8所示。

表1-8　英国阿尔卑斯奶山羊泌乳性能及乳成分

泌乳期（月）	泌乳量（kg）	乳脂率（%）	乳蛋白率（%）	乳糖率（%）
8～10	953	4.2	3.2	4.3

（6）繁殖性能　英国阿尔卑斯奶山羊为季节性发情，一年两胎或两年三胎，平均产羔率170%。

（7）应用状况　该品种目前主要分布于英国各地区，适于放养，以泌乳期长，乳脂、非脂乳固体含量高而著称，改良地方奶山羊效果显著。初次杂交的后代生产性能可得到明显提升，且黑色被毛具有较强的抗寒性，冷应激相对较小。这使得阿尔卑斯奶山羊在冬季泌乳生产有一定优势，适合于在我国北方诸省饲养。

5.奥博哈斯利奶山羊

（1）品种概要　奥博哈斯利奶山羊（Oberhasli）原产于瑞士伯尔尼省的布润则（Brienzer）地区，为典型的瑞士纯种奶山羊品种，又称为瑞士阿尔卑斯奶山羊，1978年更名为奥博哈斯利。美国于1900年引进该品种，经长期驯化后形成本土品种，1980年登记为新品种。

（2）产地条件　伯尔尼省位于暖温带，地中海式气候，温和、湿润，冬暖夏凉。年平均降水量为1000mm，夏季降水量约为冬季的2倍。年平均气温为8℃。

（3）外貌特征　奥博哈斯利奶山羊（图1-9）被毛颜色多为棕黄色、褐黄色，少数为黑色，多数头部具有明显的黑色条纹，从耳朵上部一直延伸到口、唇两侧，背部的黑色条纹向前、后分别延伸至角基部和尾部，腹部和乳房均为黑色，前腿膝关节和后腿飞节以下均为黑色，耳内皮肤为黑色，耳外皮肤为棕黄色。该品种体型中等，健壮，体躯宽，背线平，前躯略高。

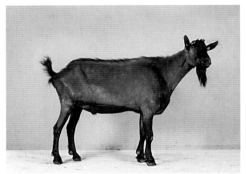

图1-9 奥博哈斯利奶山羊公羊（左）和母羊（右）

（4）体重、体尺 如表1-9所示。

表1-9 奥博哈斯利奶山羊体重、体尺

公羊		母羊	
体重（kg）	体高（cm）	体重（kg）	体高（cm）
≥68	≥76	≥54.5	≥71

（5）泌乳性能及乳成分 如表1-10所示。

表1-10 奥博哈斯利奶山羊泌乳性能及乳成分

泌乳期（月）	泌乳量（kg）	乳脂率（%）	乳蛋白率（%）
8～10	858	3.5	2.9

（6）应用状况 该品种现主要分布于美国和欧洲，以乳汁香甜、膻味轻而闻名。

6. 拉曼查奶山羊

（1）品种概要 拉曼查奶山羊（La Mancha）分布于西班牙的拉曼查地区，该地区气候较为极端，夏季炎热，冬季有破坏性的霜冻气候。故该品种外耳廓缺失，目的是减少热量损失，以最大程度上保持体温与体内热量。20世纪30年代，美国奶山羊养殖户以西班牙无耳羊为主导品种，长期杂交育成了拉曼查奶山羊。该品种外形继续保留了耳廓短小或缺失的特点，又被称为无耳奶山羊（图1-10）。

图1-10 拉曼查奶山羊耳廓短小、缺失

（2）外貌特征 拉曼查奶山羊（图1-11）被毛色杂、短、细，有光泽。中等体型，面部线条直，耳朵短小或缺失，分为地鼠耳和侏儒耳两个类型。地鼠耳品种的耳朵长度在2.5cm以下，软骨很小或无，以无软骨者为佳；侏儒耳品种耳朵较长，约为5cm，且这两种类型耳朵的末端均向上或向下翻卷。

图1-11 拉曼查奶山羊

（3）体重、体尺 如表1-11所示。

表1-11 拉曼查奶山羊体重、体尺

成年公羊		成年母羊	
体重（kg）	体高（cm）	体重（kg）	体高（cm）
≥72.6	≥76	≥59	≥71

（4）泌乳性能及乳成分 拉曼查奶山羊最高泌乳记录为2 050kg，泌乳性能测定如表1-12所示。

表1-12 拉曼查奶山羊泌乳性能及乳成分

泌乳期（月）	泌乳量（kg）	乳脂率（%）
8～10	800	3.5～4.4

（5）应用状况 该品种奶山羊在美国分布广泛，因其产奶量高、适应性强、对饲料品质及生存条件要求不高而颇受养殖户的欢迎，所以陆续被其他各国所引进。

7. 海森奶山羊

（1）品种概要　海森奶山羊（Hesse）因产地而得名，主要产于德国海森地区，是20世纪初在德国用萨能奶山羊与地方白色品种山羊杂交育成的乳用山羊品种，也被称为德国萨能奶山羊。

（2）产地条件　德国海森地区处于大西洋东部大陆性气候之间凉爽的西风带，四季降雨，年最高温度为30℃左右，最低温度为1.5℃。

（3）外貌特征　海森奶山羊（图1-12）全身被毛为白色，粗而短，体型高大、优美、结实、健壮；公、母羊均无角，耳长直立，与萨能奶山羊相似。

图1-12　海森奶山羊母羊

（4）体重、体尺　如表1-13所示。

表1-13　海森奶山羊体重、体尺

公羊		母羊	
体重（kg）	体高（cm）	体重（kg）	体高（cm）
85～110	85～90	50～70	70～75

（5）泌乳性能及乳成分　如表1-14所示。

表1-14　海森奶山羊泌乳性能及乳成分

泌乳期（月）	泌乳量（kg）	乳脂率（%）
8～10	1 000	3.5～3.9

（6）繁殖性能　该品种早熟，生长发育快，繁殖能力强，主要以季节性发情为主，一胎可产2～3只羔羊，平均繁殖率220%。

（7）应用状况　海森奶山羊是德国主要的奶山羊品种，占德国奶山羊总数的60%以上，广泛饲养于德国境内。我国仅在20世纪70年代末进口过少量海森奶山羊个体，该品种与萨能奶山羊杂交的后代生产性能优良，可作为种羊进行推广。

二、国内优良品种

1.关中奶山羊

（1）品种概要　20世纪30年代，外国西方传教士带入了少量萨能奶山羊和吐根堡奶山羊，并在中原地区与地方山羊杂交，组建了高产奶山羊群体。改革开放之后，前辈们继续开展级进杂交与横交固定，1985年通过了部级鉴定发布关中奶山羊的品种标准，1987年收录进入《中国畜禽品种志》，1988年编入《陕西省畜禽品种志》，1990年9月通过品种鉴定验收，正式将其定名为关中奶山羊，目前，关中奶山羊已成为我国饲养数量最多、分布最广、推广辐射面积最大的品种。

（2）产地条件　关中奶山羊主产于陕西省，产区属于暖温带湿润气候，海拔500～2000m，年平均气温7～16℃，降水量约为600mm，无霜期约200d，适宜多种农作物和优良牧草种植，饲草料资源丰富。

（3）外貌特征　关中奶山羊全身被毛白色，毛短，结构匀称，体质结实，头长、颈长、躯干长、四肢长、额宽。母羊乳静脉粗大、弯曲，乳房附着良好，质地柔软，乳头大小适中，乳用型明显；公羊头大颈粗，腹部紧凑，睾丸发育良好（图1-13）。

图1-13　关中奶山羊母羊

（4）体重、体尺　该类型成年羊体重、体尺如表1-15所示。

表1-15　关中奶山羊成年体重、体尺

公羊			母羊		
出生重（kg）	体重（kg）	体高（cm）	出生重（kg）	体重（kg）	体高（cm）
3.38	65	82	3.05	45	70

（5）泌乳性能及乳成分　根据《关中奶山羊育种资料汇编》中记载，关中奶山羊一胎产奶量386.9kg，二胎产奶量465.5kg，三胎产奶量530.6kg，四胎及以上产奶量515.6kg，各胎平均产奶量471.8kg。关中奶山羊的泌乳性能及乳成分如表1-16所示。

表1-16　关中奶山羊泌乳性能及乳成分

泌乳期（月）	泌乳量（kg）	乳脂率（%）	乳蛋白率（%）	乳糖（%）	干物质（%）
8～10	471.8	4.21	3.53	4.36	12.9

（6）生产性能　关中奶山羊的繁殖力较强，母羊初情期在4～5月龄，8～10月龄时初配。一胎产羔率153.6%，二胎产羔率185.8%，三胎产羔率206.7%，四胎产羔率210.4%，各胎平均产羔率184.3%。公羔具有较好的育肥效果，8～10月龄公羊的屠宰率为45.5%，净肉率可达32.5%。

（7）应用状况　关中奶山羊主产区集中在陕西富平、扶风、临潼、阎良等地。这些地区历年奶山羊存栏数量、向各地提供良种奶羊数、奶粉质量及其经济效益等均名列全国之首，素有"奶山羊之乡"的称誉。

2.崂山奶山羊

（1）品种概要　崂山奶山羊原产于山东省青岛市崂山县，并因此而得名。1898—1934年，山东省先后三次从德国与俄罗斯引种，利用萨能奶山羊与吐根堡奶山羊良种个体，与当地繁殖性能高、体格较小的山羊（山东养殖户称之为"小狗羊"）进行杂交，经过长期选育扩群的后代遗传性能逐渐稳定，1986年被列入《中国羊品种志》，1988年通过品种验收、鉴定后正式形成"崂山奶山羊"新品种。

（2）产地条件　崂山地区处于青岛市郊区，东、南、西三面环海，多为丘陵山区，属暖温带海洋气候，水草资源丰富，盛产小麦、玉米、甘薯、花生等农作物，糠麸、油饼类饲料充足，年平均地面温度14.2～15.0℃，平均降水量734.3mm。

（3）外貌特征　崂山奶山羊全身被毛白色，毛细而短，皮肤粉红色；体质结实，结构紧凑而匀称，额宽、头长、眼大、嘴齐、耳薄、长，且向前方伸展；成年羊头、耳、乳房有浅色黑斑。公、母羊大多无角，有肉垂。公羊颈粗、雄壮，腹部紧凑，睾丸发育良好；母羊颈扁长、清秀，腹大不下垂，乳房基部宽广，皮肤有弹性，乳头大小适中（图1-14）。

图1-14　崂山奶山羊公羊（左）和母羊（右）（程明提供）

（4）体重、体尺　该品种成年羊体重、体尺如表1-17至表1-19所示。

表1-17　崂山奶山羊成年羊体重、体尺

公羊			母羊		
出生重（kg）	体重（kg）	体高（cm）	出生重（kg）	体重（kg）	体高（cm）
3.30	80	83	2.90	45	71

表1-18　基础母羊体重、体尺及产奶量

胎次	体重（cm）	体高（cm）	体长（cm）	胸围（cm）	300d产奶量（kg）
一	37	67	68	75	450
二	50	70	74	82	600
三	55	72	77	85	700

表1-19　种公羊体重、体尺选择标准

年龄（年）	体重（kg）	体高（cm）	体长（cm）	胸围（cm）
1	56	76	78	88
2	75	83	89	98
3	80	85	91	99

（5）泌乳性能及乳成分　根据《崂山奶山羊选育及利用技术的研究资料汇编》记载，1990年崂山奶山羊平均产奶量626.87kg。其中，头胎产奶量492.29kg，二胎产奶量675.56kg，三胎产奶量761.85kg。该品种的泌乳性能及乳成分如表1-20所示。

表1-20　崂山奶山羊泌乳性能及乳成分

泌乳期（月）	泌乳量（kg）	乳脂率（%）	乳蛋白率（%）	乳糖率（%）	干物质率（%）
8～10	626.87	3.37±0.67	2.89±0.27	4.53±0.20	12.03±1.03

（6）生产性能　崂山奶山羊具有生长发育速度快、早熟等特点，通常5月龄可达性成熟，7～8月龄可初配。繁殖率以头胎羊为最低（129.4%），三胎为最高（203.4%），四胎、五胎平均在190%以上。崂山奶山羊同样具有良好的产肉性能，9月龄屠宰时体重为32.89kg，胴体重17.78kg，屠宰率50.44%，净肉率39.39%。

（7）应用状况　崂山奶山羊现主要分布于青岛市的城阳、崂山、黄岛等7个市（区），烟台、威海、潍坊等地也有分布，目前约有25万只，以崂山周边地区饲养的羊群质量最好。崂山奶山羊被广泛引入我国20多个省、自治区。

3. 雅安奶山羊

（1）品种概要　雅安市1978年被确定为四川省奶山羊生产基地，先后13次从陕西与河南等地引进大批关中奶山羊组建基础母羊群体；1982—1986年引进西农萨能奶山羊公羊18只进行杂交改良，使每只羊年均产奶量提高到279.7kg。1985年年底，位于美国阿肯色州的"国际小母牛组织"（Heifer International）总部从英国购进了78只纯种萨能奶山羊，赠送给四川省雅安市。雅安市以其中的20只进口公羊作为父本，开展雅安奶山羊的新品种培育工作。1986年在全国奶制品作会议上，雅安奶山羊核心群构建被誉为"北羊南繁的典范"。1988年存栏量达到1.27万只，产奶量210多万kg，提供商品奶170万kg。通过20余年的不断改良及选育，终于培育形成了雅安奶山羊新品种。

（2）产地条件　雅安市属于亚热带季风气候，海拔1 000～2 500m，山地面积占80%。年均气温16.2℃，年均降水量1 774.3mm，相对湿度79%。年日照时间1 039.42h，无霜期300d以上。冬无严寒，夏无酷暑，无霜期长，适宜各种植物生长，草丛繁茂，再生性强，四季不断青。

（3）外貌特征　雅安奶山羊（图1-15）被毛短，呈白色，皮肤薄而有弹性，体质结实，结构匀称，眼丰满而明亮，颈秀长；胸部宽深，肋骨开张，背腰平直，腹大不下垂；母羊乳房容积大，附着紧凑，柔软而有弹性，乳头大小适中。公羊颈粗壮，体躯高大，睾丸发育良好。四肢坚实、端正。公、母羊多数有角，少数颈下有肉髯。

图1-15　雅安奶山羊母羊（周爱民提供）

（4）体重、体尺　如表1-21所示。

表1-21　雅安奶山羊体重、体尺

生长阶段	公羊				母羊			
	体重（kg）	体高（cm）	体长（cm）	胸围（cm）	体重（kg）	体高（cm）	体长（cm）	胸围（cm）
初生	3.29	35.57	32.73	35.56	2.96	33.52	31.60	34.47
4月龄	19.32	56.25	57.39	60.21	18.22	55.23	54.31	58.21
1周龄	46.21	72.15	78.45	82.65	38.20	65.75	75.15	76.23
成年	78.53	83.15	95.26	97.65	48.83	68.73	79.15	84.95

（5）生产性能

①产肉性能　8月龄公羊体重（34.9±4.0）kg，屠宰率51.9%，净肉率40%，肉骨比3.5。

②泌乳性能及乳成分　如表1-22所示。

表1-22　雅安奶山羊泌乳性能及乳成分

泌乳期（月）	泌乳量（kg）	乳脂率（%）
8～10	530.6～1 039.2	3.5±0.3

（6）繁殖性能　雅安奶山羊多为秋季配种，一般集中在9—10月。情期受胎率为80%～90%，平均妊娠期约150d，母羊初配年龄7～9月龄。第一胎

多产单羔，二胎以上以产双羔为主。

（7）应用状况　雅安奶山羊目前主要饲养于四川省的雅安市（图1-16），奶山羊产业促进了当地经济的发展，取得了明显的社会效益和生态效益。但自1985年最后一次引进种公羊和种母羊之后，再没有进行大规模的引进及导血工作，导致目前雅安奶山羊群体出现了一定程度的近亲繁殖，品种推广受到了一定影响。

图1-16　雅安奶山羊养殖现状（周爱民提供）

4. 文登奶山羊

（1）品种概要　文登奶山羊主要分布于山东省文登市。据记载，1898基督教传教士带来一些萨能奶山羊，与本地山羊杂交，逐渐扩展到周边农村。直至1979年，先后5次以引入的国内良种西农萨能奶山羊为父本，经过系统选育形成了稳定的文登奶山羊群体。1999年"文登奶山羊新品系"获得山东省畜禽品种审定委员会的认定；2009年"文登奶山羊新品种"获得国家畜禽品种审定委员会的正式审定，并颁发了新品种证书。

（2）产地条件　文登市地处胶东半岛东部。全市山峦起伏，沟谷纵横，属低山丘陵地带、大陆性季风气候。年均气温11.50℃，年均降水量827mm，年均日照2 536h，无霜期195d。耕地5.70万hm²，草场4.69万hm²。市境内山清水秀，气候温和，水草丰盛，饲草资源充足，山区灌木丛生，枝叶茂盛，有优质的牧草及大量的树木枝叶。主要作物有小麦、玉米、甘薯、花生、大豆等，对发展奶山羊等草食动物有着得天独厚的条件。

（3）外貌特征　文登奶山羊（图1-17）全身背毛白色，体质结实。头长、额宽、鼻直、口方，乳用性明显，乳房基部宽广、前突后伸、质地柔软、形状方圆，乳头大小适中。公、母羊均有髯，公羊髯长而多，母羊髯少而短。随年龄的增加，部分羊只耳朵、面部、乳房处出现黑色斑点。

图1-17　文登奶山羊公羊（左）和母羊（右）（程明提供）

（4）体重、体尺　如表1-23所示。

表1-23　文登奶山羊体重、体尺

生长阶段	公羊				母羊			
	体重（kg）	体高（cm）	体长（cm）	胸围（cm）	体重（kg）	体高（cm）	体长（cm）	胸围（cm）
初生	3.6	—	—	—	3.4	—	—	—
9月龄	40	—	—	—	30	—	—	—
成年	80.45	82.55	99.27	103.45	56.51	73.39	87.38	92.58

（5）生产性能

①产肉性能　文登奶山羊1周岁公羊宰前活体重（48.57±6.47）kg，胴体重（24.89±3.72）kg，净肉重（17.90±4.66）kg，净肉率35.85%；淘汰母羊宰前活体重（55.48±3.397）kg，胴体重（25.48±1.43）kg，净肉重（16.63±1.5）kg，净肉率29.97%。

②泌乳性能及乳成分　如表1-24所示。

表1-24　文登奶山羊泌乳性能测定及乳成分

泌乳期（d）	泌乳量（kg）			乳脂率（%）
	一胎	二胎	三胎	
257.41	566.97	673.04	758.15	3.41

（6）繁殖性能　母羊为季节性多次发情，配种时间集中于9—11月，产羔时间集中于翌年2—4月。平均初配年龄为7.26月龄，发情周期20.15d，发情

持续期37.40h，妊娠期150.44d。平均产羔率202.8%，其中一胎母羊的产羔率为162.4%，二胎为203.6%，三胎以上为225.7%。

（7）应用状况　20世纪80年代初期，文登市各级政府非常重视奶山羊的发展，并将奶山羊养殖列为脱贫致富的重要项目。随着经济的发展，奶山羊养殖经济效益降低，养殖规模开始逐渐下降。2013年4月15日，农业部正式批准对文登奶山羊实施农产品地理标志登记保护，现该品种主要分布于产区山东文登市。

民间有说法称"文登奶山羊的特点是全身饰毛较长"。从旧时资料（图1-18）可见，文登奶山羊确实拥有较长的饰毛。在牧场中也偶有见到饰毛浓密的奶山羊个体（图1-19），但此说法并未获得培育单位及相关科研人员证实，因此长毛性状在文登奶山羊培育过程中是否进行了有目的性地选留还有待商榷。

图1-18　1983年文登奶山羊挤奶场景

图1-19　被毛浓密的文登奶山羊

5. 西农萨能奶山羊

（1）品种概要 西农萨能奶山羊是我国培育的优秀奶山羊品种。20世纪30年代初由加拿大输入的纯种萨能奶山羊饲养于河北省定县，1937年秋纯种萨能奶山羊被引入西北农学院（今西北农林科技大学）后培育而成。早年因饲料不足且管理粗放，羊群品质退化，1948年成年母羊体重仅为40～45kg，年平均产奶量417.5kg/只。中华人民共和国成立后，奶山羊的饲养条件有所改善，饲养管理水平不断提高，70年代年平均产奶量达800kg/只。西农萨能奶山羊以体格大、产奶量多、遗传性能稳定、改良地方品种山羊效果显著等特点而闻名，20世纪80年代对我国奶山羊种质改良和提高起了很大的推动作用，现主要分布于陕西省境内。

（2）产地条件 陕西省杨凌市地处暖温带，属大陆性季风气候，四季冷热干湿分明。气候温和，年平均温度9.0～13.2℃。光、热、水资源丰富，利于农、林、牧、副、渔业的发展。杨凌因地形特征，又分为两个具有明显差异的气候区：①南部平原地区气候温和，四季分明，年平均气温12℃，无霜期213d；②北部高原沟壑区气候稍寒，冬、春季略长，年平均气温不足10℃，无霜期180d。全境年平均降水量500～600mm，由南向北递增，50%集中在7—9月，常常秋雨连绵，久阴不晴。

（3）外貌特征 西农萨能奶山羊（图1-20）体型较萨能奶山羊矮而长，全身被毛白、短，体型大，皮肤薄，以头长、颈长、体长、腿长为主要特点。颜面平直，耳长而薄、前伸，多数羊无角、有髯，四肢端正，蹄质坚强。母羊前胸丰满，背腰平直，腹大不下垂，后躯发达；乳房基部宽大，形状方圆，质地柔软，乳头大小适中。公羊颈粗壮，胸宽背平，尻部发育良好，外形雄伟。随年龄的增加，部分羊乳房、耳、面等部位出现黑色斑点。

图1-20 西农萨能奶山羊公羊（左）和母羊（右）（罗军提供）

（4）体重、体尺　如表1-25所示。

表1-25　西农萨能奶山羊体重、体尺

公羊		母羊	
体重（kg）	体高（cm）	体重（kg）	体高（cm）
92	89	65	75

（5）泌乳性能及乳成分　如表1-26所示。

表1-26　西农萨能奶山羊泌乳性能及乳成分

泌乳期（月）	泌乳量（kg）	乳脂率（%）	干物质（%）	总蛋白（%）	乳糖（%）
10	800	3.43	11.4	3.28	3.92

（6）繁殖性能　该品种奶山羊性成熟早，母羊8～10月龄、公羊18月龄可配种。为季节性发情，集中于每年7—12月。繁殖率高，平均在200%以上，且繁殖率随着胎次的增加而逐年增加，但5胎以后逐渐下降。

（7）应用状况　西农萨能奶山羊改良当地品种效果显著，被广泛推广全国各省、直辖市，对改良各地奶山羊做出了巨大贡献，现主要饲养于陕西省境内。

6. 河南奶山羊

（1）品种概要　河南奶山羊是河南省地方奶山羊品种，主要分布在河南省的开封、南阳、洛阳和郑州等地区。1986年，河南奶山羊被列为河南省地方品种资源。1989年，河南省畜禽改良站制定了《河南奶山羊》品种标准。河南地区奶山羊饲养历史较为悠久，早年是继陕西、山东等地之后奶山羊的主要产区。

（2）产地条件　河南奶山羊主产区地处北纬34°20′～34°50′，东经112°15′～114°30′，西南靠嵩山，北邻黄河。年均气温14～14.9℃，最高气温42.9～44.2℃；年平均降水量600～700mm；相对湿度65%～70%，无霜期215～221d。产区农作物副产品和饲草资源非常丰富，为河南奶山羊在民间的发展提供了优越条件。

（3）外貌特征　河南奶山羊被毛白色，短而有光泽，皮肤粉红色，体质结实。母羊头清秀，颈长，胸部宽深，背腰平直，腹大不下垂，尻部宽长，稍斜；乳房容积大，质地柔软，向前延伸，向后突出，乳头大小适中。公羊头大、颈粗，胸宽背直，腹部紧凑，外形雄壮，睾丸发育良好。

（4）体重、体尺 如表1-27所示。

表1-27 河南奶山羊体重、体尺

生长阶段	公羊		母羊	
	体重（kg）	体高（cm）	体重（kg）	体高（cm）
初生	3.27	—	2.98	—
12月龄	51.72	79.14	25.60	61.03
成年	89.90	82.86	39.96	65.27

（5）泌乳性能及乳成分 如表1-28所示。

表1-28 河南奶山羊泌乳性能及乳成分

泌乳期（月）	泌乳量（kg）			乳脂率（%）	乳蛋白（%）	乳糖（%）
	一胎	二胎	三胎	4.21	4.36	3.53
8～10	619.19	668.48	698.73			

（6）繁殖性能 母羊初情期为4～5月龄，公羊5～7月龄性成熟，10月龄可参与配种。发情多集中于秋、冬季，各胎平均产羔率184.3%，利用年限5～7年。

（7）应用状况 河南奶山羊目前在产区主要以"舍饲为主，迁牧为辅"的模式饲养，并在主产区持续开展选育，少量辐射到周边等省份。

7. 延边奶山羊

（1）品种概要 延边奶山羊主要分布于吉林省东部山区的延边朝鲜族自治州各县，主产区为延吉市和珲春市，是由英、德等国传教士于1930年前后将少量萨能奶山羊、吐根堡奶山羊带入延边地区，1961年又引入西农萨能奶山羊与本地羊杂交育成的，1987年通过品种鉴定验收。

（2）产地条件 延边地区属大陆性寒温带、半湿润季风气候，年平均气温2～6℃，年降水量500～700mm，水源充足，饲草资源丰富。

（3）外貌特征 延边奶山羊被毛白色，毛短而密，个别羊有长毛。体质强壮，骨架大而结实，体型比萨能奶山羊粗壮，体躯稍短，头较大，大部分无角而有肉垂，胸宽，腹大，乳房发育良好。

（4）体重、体尺　如表1-29所示。

表1-29　延边奶山羊体重、体尺

公羊		母羊	
体重（kg）	体高（cm）	体重（kg）	体高（cm）
60	83	49	68

（5）泌乳性能及乳成分　如表1-30所示。

表1-30　延边奶山羊泌乳性能及乳成分

泌乳期（月）	泌乳量（kg）		乳脂率（%）
8～9	头胎	二胎及以上	4.3
	420	600	

（6）繁殖性能　延边奶山羊公、母羊性成熟一般为5～7月龄，初配时间为8～10月龄，平均产羔率为190%；羯羊屠宰率为49%，净肉率为33%。

（7）应用状况　东北地区气候寒冷，奶山羊泌乳时间较短，且延边地区缺少奶山羊产业支持。因此，群体缺乏选育提升，体格发育、产奶性能参差不齐，致使现如今延边奶山羊群体严重萎缩，目前仅有少部分农户零散饲养。

8. 唐山奶山羊

（1）品种概要　据记载，唐山奶山羊是自1921年我国相继由美国、英国、德国将萨能奶山羊引入唐山后，与河北省地方山羊品种杂交而成的，于1990年通过鉴定验收。

（2）产地条件　唐山市地处河北省东部地区，位于东经117°31′～119°19′，北纬38°55′～40°28′；北依燕山，南临渤海，东与秦皇岛市相邻，西与天津市接壤；属暖温带半湿润季风型大陆性气候；全年日照时2 600～2 900h，年平均气温12.5℃，极端气温最高为32.9℃、最低为－14.8℃；无霜期180～190d，常年降水500～700mm，降霜日数年平均10d左右。

（3）外貌特征　唐山奶山羊属于萨能奶山羊的后裔，保持了萨能奶山羊白色、短毛、直耳、无角、楔形的外貌特点。

（4）体重、体尺　如表1-31所示。

表1-31　唐山奶山羊体重、体尺

生长阶段	公羊		母羊	
	体重（kg）	体高（cm）	体重（kg）	体高（cm）
初生	3.7	—	3.5	—
4月龄	23.4	—	21	—
8月龄	36	—	32	—
成年	69	91	51	73

（5）泌乳性能　平均泌乳天数为210d，平均泌乳量为570kg。

（6）繁殖性能　一般在8～9月龄开始配种，妊娠期145d，产羔率210%。

（7）应用状况　唐山奶山羊的适应性强，适于放牧，耐粗放管理。在中华人民共和国成立初期，该品种奶山羊为周边区域提供羊奶产品做出了重要贡献，但现今存栏数较少，缺乏数据统计。

9. 海伦奶山羊

（1）品种概要　海伦奶山羊产于黑龙江省滨北地区。20世纪20年代以后，随着呼兰至海伦铁路的修建，从俄国和日本带入的一些国外奶山羊（主要是萨能奶山羊），经与当地普通山羊杂交改良、长期扩群繁殖后形成了当前类型不一的杂交高产类群，即海伦奶山羊，其含有较多的萨能奶山羊血统和少量吐根堡奶山羊血统。

（2）外貌特征　海伦奶山羊体质结实，耐粗饲，抗严寒，适应性强，产奶性能好。因其外貌特征分为三个类型：一是萨能类型奶山羊，保持了萨能奶山羊白色、短毛、直耳、无角、楔形的外貌特点；二是吐根堡型奶山羊，具有吐根堡奶山羊的"獾面"脸谱特征；三是中间类型奶山羊，是萨能奶山羊、吐根堡奶山羊杂血羊与本地奶山羊多年杂交的一种过渡类型，毛色杂，体质结实，腹大而不下垂，产奶性能较好。

（3）体重、体尺　如表1-32所示。

表1-32　海伦奶山羊体重、体尺

成年公羊			成年母羊		
体重（kg）	体高（cm）	体长（cm）	体重（kg）	体高（cm）	体长（cm）
63	81	82	48	70	77

（4）泌乳性能　海伦奶山羊泌乳期5～9个月，泌乳量150～700kg。

（5）繁殖性能　海伦奶山羊4～6月龄性成熟，7～8月龄配种，平均产羔率210.5%，多产双羔和三羔，高者可产五羔。

（6）应用状况　海伦奶山羊是黑龙江省优秀地方类群，具有适应性强、耐粗饲、抗寒冷等特点。但长期无序杂交致使该品种群体没有形成统一标准，在羊乳价格低迷时曾作为育肥肉羊饲养或出售。现在该品种奶山羊的饲养量虽有所反弹，但大多为他省引进，传统的海伦奶山羊类群仅少量存在于乡村。

三、乳肉兼用型品种

1.安格鲁·努比亚奶山羊

（1）品种概要　安格鲁·努比亚奶山羊（Anglo-Nubian）由非洲东北部厄立特里亚的奶山羊Zaraber和印度爱塔瓦地区的加姆拉巴里奶山羊（Jamnapari）与英国当地的母山羊交配，经过长期演变进化而来，具有典型的长耳特征。据记载，这种长耳奶山羊早在瑞士品种出现之前便已普遍存在于英国，猜测该品种是由航海帆船引入英国的。该品种于1875年在第一届山羊展上展出，1879年收录在《畜群册》中，1890年首次使用"安格鲁·努比亚"（Anglo-Nubian）命名，1910年在《英国畜群册》中为此品种开设了一个单独的品种分区。

（2）产地条件　英国属温带海洋性气候，全年温和湿润，四季寒暑变化不大；通常最高气温不超过32℃，最低气温不低于−10℃；年平均降水量约1 000mm。

（3）外貌特征　该品种（图1-21）具有多种颜色，如栗色、浅褐色、黑色、白色或奶油色。体型略小于萨能奶山羊，面部拱圆，罗马鼻，耳朵长而大且下垂，尾巴向上卷曲。随着不断发展与选育，一些品种的毛色与特征已慢慢

图1-21　安格鲁·努比亚奶山羊母羊

被舍弃。

（4）体重、体尺 如表1-33所示。

表1-33 安格鲁·努比亚奶山羊体重、体尺

公羊		母羊	
体重（kg）	体高（cm）	体重（kg）	体高（cm）
≥77	≥81	≥61	≥76

（5）泌乳性能 安格鲁·努比亚奶山羊乳脂及乳蛋白含量高，适用于奶酪等商品加工（表1-34）。目前，官方记录该品种最高年产奶量为2 531kg。

表1-34 安格鲁·努比亚奶山羊泌乳性能及乳成分

泌乳期（月）	产奶量（kg）	乳脂率（%）	乳蛋白（%）
8～10	1 040～1 250	4.8	3.8

（6）应用状况 该品种在具有优秀产奶性能的同时也具备优秀的产肉性能，改良地方品种山羊效果显著；同时，对炎热气候的适应性强，因此被热带地区国家广泛引进。

2. 努比亚奶山羊

（1）品种概要 努比亚奶山羊（Nubian）原产于埃及，也称埃及奶山羊，主要分布于干旱、炎热的地区，以其中心产地尼罗河上游的努比亚地区而得名。该品种耐热性好，广泛饲养于亚洲、美洲和欧洲，在非洲也有部分分布。

（2）产地条件 埃及尼罗河上游气候炎热、干燥，是海拔为100～700m的低高原、半沙漠地区，年平均降水量30～150mm，昼夜温差大，最高气温可达40℃。

（3）外貌特征 努比亚奶山羊（图1-22）毛色杂，红、黑、灰、白、棕色均有，甚至一羊多色，以红、黑两种毛色的居多，埃及努比亚奶山羊以灰色为主，美国努比亚奶山羊以棕色及黑色为主。头短小，鼻梁隆起，耳大、下垂，颈长，躯干较短，尻短而斜，四肢细长。公、母羊无须无角。

（4）体重、体尺 该品种成年体重、体尺如表1-35所示。

图1-22 努比亚奶山羊母羊

表1-35 努比亚奶山羊成年体重、体尺

公羊			母羊		
体重（kg）	体高（cm）	体长（cm）	体重（kg）	体高（cm）	体长（cm）
45～60	72～78	70～82	35～40	66～71	66～76

（5）泌乳性能　努比亚奶山羊泌乳时间较短，且泌乳量相对较低，但乳汁浓稠，干物质含量高，品质优良。据统计，努比亚奶山羊最高产奶记录为2 009kg。努比亚奶山羊泌乳性能及乳成分如表1-36所示。

表1-36 努比亚奶山羊泌乳性能及乳成分

泌乳期（月）	泌乳量（kg）	乳脂率（%）
5～8	300～800	4.0～7.0

（6）繁殖性能　该品种性成熟早，繁殖力强，年产两胎，每胎2～3羔。

（7）应用状况　努比亚奶山羊是美国最受欢迎的奶山羊品种，饲养量居美国各乳用品种之首。然而美国饲养的努比亚奶山羊主要从英国引入，即安格鲁·努比亚奶山羊在美国经过本土驯化、扩繁后形成的、适应地方气候的高产群体。该品种也适宜于在我国南方热带和亚热带地区饲养。我国抗日战争期间曾从美国少量引进该品种，并饲养在四川省及沿海地区。20世纪80年代中后期，广西壮族自治区马山县、四川省简阳市、湖北省房县分别从英国和澳大利亚等国引入饲养，但现存原种数量不多。

3.亚母拉巴里奶山羊

（1）品种概要　亚母拉巴里奶山羊（Jamnapari）属乳肉兼用型品种，广泛分布于印度及其邻近国家。

（2）产地条件　亚母拉巴里奶山羊所在的印度及周边国家大部分属于热带季风气候，全境炎热。雨季集中于6—10月，冬季受喜马拉雅山脉屏障的影响，基本无寒流出现。因此，亚母拉巴里奶山羊的耐热性强，抗寒性较差。

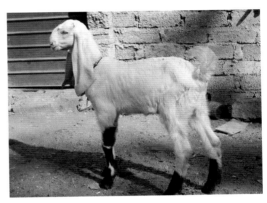

图1-23　亚母拉巴里奶山羊母羊

（3）外貌特征　该品种（图1-23）被毛多为白色个体附着黑色或褐色斑块，后肢饰毛较长，四肢较长，体型高大。颜面突出，双耳下垂，尖部微微上卷，长度可达30cm以上。

（4）体重、体尺　如表1-37所示。

表1-37　亚母拉巴里奶山羊体重、体尺

公羊		母羊	
体重（kg）	体高（cm）	体重（kg）	体高（cm）
68~91	127	36~63	107

（5）泌乳性能及乳成分　如表1-38所示。

表1-38　亚母拉巴里奶山羊泌乳性能及乳成分

泌乳期（d）	泌乳量（kg）	乳脂率（%）
250	360~540	3.5~5.2

（6）繁殖性能　该品种的繁殖性能较差，具有明显季节性发情，多产单羔，双羔率仅为10%。

（7）应用状况　亚母拉巴里奶山羊为乳肉兼用型品种，具有优秀的泌乳性能及产肉性能，在印度及周边国家被广泛用于改良当地山羊品种。

4.比淘奶山羊

（1）品种概要　比淘奶山羊（Beetel）为印度及周边国家乳肉兼用型山羊品种，由亚姆拉巴里奶山羊（Jamnapari）不断优化选育而形成，但体型较小，采食量较小，适应性也非常相似。

（2）产地条件　印度及周边国家大部分属于热带季风气候，全境炎热，冬季也极少受寒流影响。因此，比淘奶山羊耐热性好，抗寒性较差。

（3）外貌特征　该品种（图1-24）被毛多为红褐色，部分呈灰黑色，并分布白色斑点；体型较小，角长，且多为扭角，耳朵顾长。

图1-24　比淘奶山羊母羊（左）和公羊（右）

（4）体重、体尺　如表1-39所示。

表1-39　比淘奶山羊体重、体尺

公羊		母羊	
体重（kg）	体高（cm）	体重（kg）	体高（cm）
55	89	45	84

（5）泌乳性能及乳成分　如表1-40所示。

表1-40　比淘奶山羊泌乳性能测定及乳成分

泌乳期（月）	泌乳量（kg）	乳脂率（%）
7	200	3.5

（6）繁殖性能 该品种繁殖性能较差，季节性发情，多为一年一产，双羔率约为30%。

（7）应用状况 比淘奶山羊主要饲养于印度和巴基斯坦等国家，因体型小且泌乳量有限，多为民间自养，所以多用于家庭自给自足提供乳肉产品，几乎没有集约化养殖的群体。

5.成都麻羊

（1）品种概要 成都麻羊又称为四川铜羊，原产于成都平原及附近的丘陵地区，是以产肉为主的乳肉兼用型地方品种，现在广泛分布于成都市郊及双流、新津、新都、温江等地。

（2）产地条件 成都麻羊主产区全年气候温和，年平均温度为18.5℃，雨量充足，四季常青。

（3）外貌特征 成都麻羊（图1-25）被毛为深褐色，腹部为浅褐色，颜面两侧有浅褐色条纹，鬐甲处有黑色被毛。公、母羊均有角有须，颈细长，背腰宽平，骨架大，躯干丰满。

图1-25 成都麻羊公羊（左）和母羊（右）

（4）体重、体尺 如表1-41所示。

表1-41 成都麻羊体重、体尺

公羊		母羊	
体重（kg）	体高（cm）	体重（kg）	体高（cm）
42	67	36	60

（5）泌乳性能及乳成分 如表1-42所示。

表1-42　成都麻羊泌乳性能及乳成分

泌乳期（月）	泌乳量（kg）	乳脂率（%）
5～8	150～250	6.8

（6）繁殖性能　成都麻羊发育快，繁殖力强。公羊6月龄性成熟，母羊3～4月龄性成熟。公羊7～8月龄、母羊6～7月龄可参与配种。常年发情，一年两胎，平均产羔率达209%。

（7）应用状况　目前该品种主要养殖于四川地区，多为当地农户小规模自繁自养，呈现小群体、大规模的养殖特点。20世纪70年代，成都麻羊被先后推广到云南、广州、山东、新疆等地，且均表现出优秀的适应性，与当地山羊杂交后生产肉用后代的效果显著。

CHAPTER 2 第二章
奶山羊外貌总观

奶山羊体型与体躯结构在一定程度上能够反映其本身的健康状况、生产性能和泌乳潜力。外貌鉴定方法简便、实用，在民间开展奶山羊选美评比、买卖交易和良种选育中广泛使用，但带有很强的主观性，要求鉴定者拥有丰富的奶山羊养殖经验。外貌鉴定的侧重点因品种、用途不同而各有差异，不同用途的羊其外形特征各不相同，如肉用羊要求具有结实而丰满的体型，骨骼健壮，身形魁梧，四肢发达，肌肉丰满；绒毛用羊则重在鉴定被毛密度与绒毛品质；而奶山羊体型外貌鉴定以泌乳系统为主、体躯结构及各部位间的比例为辅。

对奶山羊进行外貌鉴定时通常从前后左右进行总体观察，知晓奶山羊骨骼与体型结构特点，将有助于开展外貌评定（图2-1）。获得奶山羊的全貌概念后再进行触摸或细节观察，进行全貌观察时需要把握以下四项"黄金法则"。

一是尽量选择高大体长的奶山羊。身体容积越大则产奶潜力越大，因为宽大的体躯容积可保证胸腔和腹腔内器官所需的空间。体躯左侧悬挂着羊身体中最大的器官——瘤胃，瘤胃就好像一个"不断接种的生物发酵桶"，其内容物的2/3是瘤胃液，以便消化、加工大量泌乳所需的饲料。奶山羊身体容积宽大，可以为强大的心脏和大容量肺提供足够的扩展空间，是具有强大反刍功能的基础保证，尤其是在妊娠后期不会因胎儿迅速增重，导致压迫腹腔内的重要脏器。因此对于母羊来说，体躯容积是泌乳、健康和产羔的重要因素，体躯容积越大越好（图2-2）。

二是尽量选择棱角分明、外貌清秀的奶山羊个体。肉用羊身体紧凑而结实，其主要用途是在满足身体基础代谢的前提下，将饲料中的营养与能量转化形成肌肉和脂肪。泌乳性较强的羊可将摄入的饲料最大限度地转化为羊乳，而非肌肉和脂肪。因此，体型外貌清秀、棱角性分明的个体，更符合奶山羊泌乳的生产需要（图2-3）。但体躯过度扁平、瘦弱的奶山羊个体不可取。

三是选择皮肤紧凑而软薄的奶山羊。奶山羊的皮肤和被毛状况可以帮助评估其乳用性能与健康程度。乳用性能优良的奶山羊其皮肤相对较薄，且松软柔韧，轻轻捏起肋骨中部皮肤并小心地向外拉，可以确定其柔韧性和松弛度。理想的奶山羊被毛应紧致、柔软、细腻，有光泽。

通常情况下，奶山羊的健康程度可以通过皮肤和被毛的质感表现出来。日粮较差、罹患疾病和被寄生虫感染时可使皮肤增厚、紧实，被毛失去光泽，陈毛难以脱落。以上都不是健康奶山羊应该具备的特征。

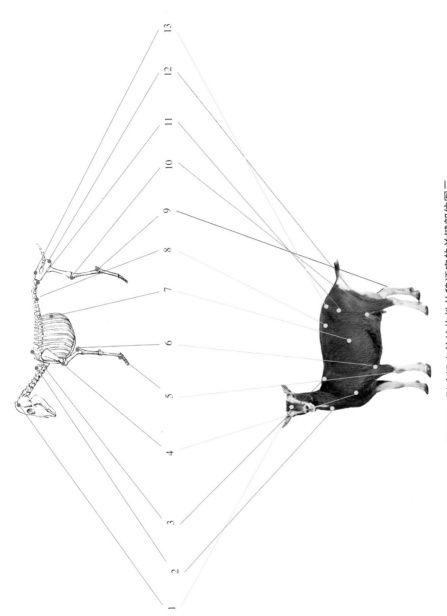

图2-1　影响奶山羊结构性外貌评定的关键部位图示

1.头骨　2.颈椎　3.鬐甲与肩胛骨　4.胸骨及肱骨结节　5.系部　6.尺骨肘架　7.肋骨后缘　8.腰椎　9.飞节　10.股骨结节　11.髋骨结节　12.坐骨结节　13.荐椎

图2-2 身体容积大，泌乳潜力高

图2-3 棱角分明的奶山羊

　　四是选择性情活泼、好奇心强、敏捷度较高的奶山羊。健康的奶山羊聪明机敏，对周围环境怀有强烈的好奇心，会不停地探索周围环境，并搜寻觅食（图2-4）。另外，由于泌乳是哺育和母性行为的重要体现，因此奶山羊母羊往往温柔而顺从，很少主动攻击主人（图2-5）。

图2-4　好奇心强的健康奶山羊

图2-5　母性强的奶山羊

CHAPTER 3 第三章

奶山羊牙齿生发规律及年龄鉴定技术

家畜的年龄鉴定通常以看牙的方式进行，奶山羊也不例外，年龄关系着奶山羊的泌乳性能及繁殖性能。因此，年龄鉴定是选择奶山羊品种中非常关键的环节。鉴定奶山羊的年龄主要以牙齿生发、更换及咀嚼面的磨损程度为依据，生产中需要了解奶山羊的牙齿结构与生发规律。

一、牙齿

1. 结构　奶山羊没有上门牙，取而代之的是一个由坚硬皮肤覆盖的软骨垫。当嘴闭合时，上颚牙垫紧贴于下切齿后缘，切齿将干草挤压在牙垫上。下颚向前和向上的反复运动，使切齿发挥剪切干草的作用，达到将纤维轧短的目的（图3-1）。

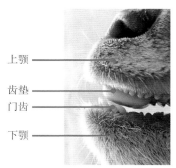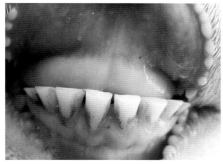

上颚

齿垫

门齿

下颚

图3-1　口腔结构侧视（左）与正视（右）

成年奶山羊的牙齿叫"永久齿"或"恒齿"，大而呈微黄色，牙齿排列整齐而紧密。其中，门齿8颗，上、下颌骨每侧各6颗共24颗白齿。因此，成年奶羊有32枚恒齿（图3-2）。

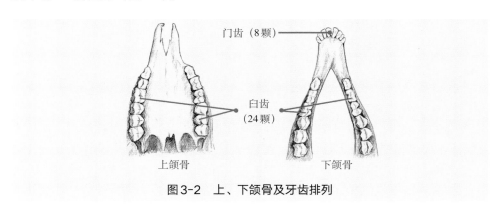

门齿（8颗）

白齿
（24颗）

上颌骨　　　　下颌骨

图3-2　上、下颌骨及牙齿排列

因为奶山羊缺少上门齿及犬齿，因此其齿式为：I 0/4 C 0/0 P 3/3 M 3/3。此式中，英文字母代表不同类型牙齿的单词首字母：门齿，incisor；犬齿，canine；前臼齿，premolar；白齿，molar（图3-3）。

$$\frac{0\quad 0\quad 3\quad 3}{4\quad 0\quad 3\quad 3}$$

图3-3 羊齿式

2. 生发规律 奶山羊一生中有2组牙齿，幼年时的牙齿叫"乳齿"，共有20枚。齿小、洁白、通透、齿间隙较大（图3-4）。有些羔羊出生时即带有1对乳齿，这是妊娠期母羊营养状况优良、胚胎发育良好的体现。此类羔羊具备先天优势与良好生产性能的潜力，可重点培养。随着恒齿的萌发，乳齿会逐渐脱落，因此可作为判断奶山羊年龄的参考依据。

图3-4 新生羔羊及其乳齿

二、年龄鉴定技术

牙齿只是一个粗略的年龄范围估计，且主要以羊下颚的8颗门齿为判断依据。随着年龄的增大，乳齿逐渐更换为永久齿。山羊1周岁左右，中间1对乳齿更换为永久齿，并且每年向外更换2颗牙齿，直至4.5岁时8颗门齿全部更换完毕，5周岁以后可根据齿的磨损程度判定，6周岁后恒齿开始变长（其实是牙龈萎缩造成根部裸露形成的），并逐步分开，最终松动、掉落。另外，在荒漠草原或植被覆盖率较低的地区放牧时，牙齿的磨损程度会更严重，会更早出现磨损、分离及松动的情况。

1. 羔羊　初生至1周龄萌发中间1对乳门牙；1～2周龄萌发第2对乳门牙；3周龄萌发第3对乳门牙；4周龄以后出现第4对乳门牙；初生至4周龄时萌发乳牙臼齿（图3-5）。

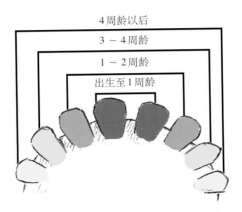

图3-5　1月龄内新生羔羊周龄的估计

另外，还可以通过3颗前臼齿的萌发时间更精确地区分2周岁以内的山羊个体：第1对臼齿萌发时间为3～5月龄，第2对臼齿萌发时间为9～12月龄，第3对臼齿萌发时间为18月龄至2周岁（图3-6）。

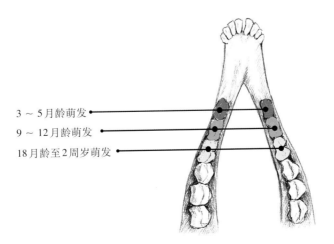

图3-6　臼齿萌发时间

2. 成羊　12～15月龄时中间的1对乳齿更换为永久齿，俗称"对牙"，即"两颗牙"；2周岁时中间出现2对恒齿，俗称"四颗牙"；3周岁时出现3对恒齿，即"六颗牙"；4周岁及以上门齿全部更换完毕，称为"齐口"；6周岁后门齿上缘出现磨损；7周岁以后牙齿开始松动，齿间距开始变大；8周岁以后逐步脱落（图3-7）。

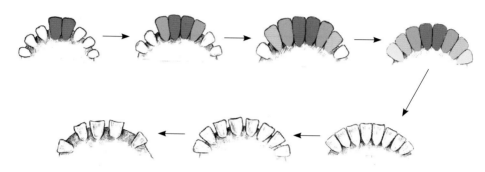

图3-7　随年龄的增加奶山羊牙齿变化情况

CHAPTER 4 第四章

奶山羊头部鉴定技术

头型是奶山羊非常重要的表型鉴定部位，具有优秀头型的种羊通常伴随优良的体态。头位于躯干的前部，是神经系统的总机，其大小、结构对奶山羊的体型外貌影响最大。对头部长度、容积、与颈部夹角等的鉴定，可以直观地判断羊只的品种与用途。

理想的奶山羊头部骨骼清秀，两颊紧凑而有力，双耳基部细长，而外耳廓适当宽大，向两侧斜上45°角直立，颈部颀长、挺拔（图4-1）。良相头型的奶山羊前肢负重小，步伐轻快，行动机敏，喜好攀爬。

自然放松状态下，良相奶山羊头部中轴线应与地面水平倾斜呈45°～60°角（图4-2），视野开阔，便于感知周遭环境，且屈伸有度。头轴与地面的夹角过大会压迫呼吸道，过小则无法感知前肢情况，对视线及感官均不利。

图4-1 良相头型

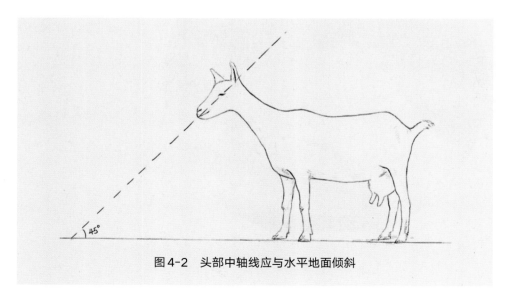

图4-2 头部中轴线应与水平地面倾斜

奶山羊头部不良形态主要包括以下几种：

1.面部畸形 此类个体嘴中部扭曲或偏离中轴线，导致鼻腔狭窄、变形，下颌也可能会发生扭曲，牙齿交错不严密（图4-3），进而影响采食与反刍。此类个体应尽早淘汰。

图4-3 面部畸形

2.两颊瘦弱 该类个体咬肌薄弱，下巴和嘴部较窄（图4-4），进食与反刍时缺少力量且容易疲倦，牙齿排列也可能会受到影响，造成采食量和进食速度下降，容易被群体中等级较高的奶山羊欺凌。

3.短而粗的头部 该类型通常是肉用山羊的杂交后代，泌乳性能较差。近些年奶山羊羊源紧俏，民间不少商贩将肉用山羊混入奶山羊群体出售。此类羊肌肉丰满，体态臃肿，短而粗的头型通常伴有发达而厚实的颈部（图4-5），虽可产奶，但泌乳性能较低，且采食量颇大，应尽早淘汰。

图4-4 两颊瘦弱

图4-5 头部短粗

4.面部凸出 也被称之为"罗马鼻",是肉用型山羊的典型特征。我国南方山羊品种中大部分种公羊拥有罗马鼻(图4-6),同时也常见于努比亚奶山羊、亚母拉巴里奶山羊、比淘奶山羊等品种。多数欧洲品种,如萨能奶山羊、吐根堡奶山羊、阿尔卑斯奶山羊等鼻梁平而直,凸面则是一种面部缺陷(图4-7);少数吐根堡奶山羊鼻头具有轻微塌陷的情况,但凹陷程度不宜过深,否则将会对鼻腔通气造成影响(图4-8)。

图4-6 肉用山羊特征("罗马鼻")

图4-7 面部凸出

图4-8 鼻梁轻微内陷(吐根堡奶山羊)

　　5.上、下颚闭锁不完整　正常情况下，当嘴巴闭合时牙垫紧贴在下门牙的后面，呈现出正确的咬合状态。如果上颚太短或下颚过长，则门齿将无法贴靠在上颚前部，从而降低了咬合的剪切作用。上颚太长被称之为"鹦鹉嘴"（图4-9），牙齿会顶到上颚齿垫，久之可能会导致疼痛和口腔炎症，剪切咬合的效率也会降低。同时，上、下臼齿啮合不完整，门齿外翻均会影响咀嚼，并导致牙齿磨损不均匀（图4-10），这在所有品种中都属于不合格的特征。

图4-9　上颚过长（"鹦鹉嘴"）

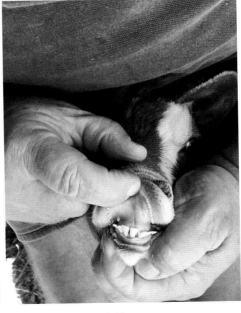

图4-10　门齿外翻造成的上、下颚闭合不完整

6.双角过长或畸形角 羊角有无与否受基因遗传控制，公、母羊都有角。但如果饲养者放任双角生长，不对其加以处理，则成年公羊将拥有超长、超大的双角（图4-11）。不仅会增加饲养管理的困难，也会对饲养者和其他山羊造成危害；另外，青年羊育成期双角生长时需要消耗大量营养，对骨骼发育极其不利，影响种用价值。

图4-11　过度生长的双角

集约化生产中为了便于管理，避免奶山羊因打斗而致伤，一般在羔羊出生15d之内对其进行去角处理，常用烧烙法和涂抹去角膏的方式。笔者建议选择前者，用环状烙铁加热后，剥离角蕾与周围的皮肤组织，使未发育角蕾脱落，该处理的效果非常好。去角膏成分多为强酸或强碱等化学成分，涂抹之后虽然破坏了角蕾顶端的生长点，但羔羊的疼痛感会持续较长时间，在羊舍内、同伴间四处剐蹭，造成同圈羔羊眼睛失明或口疮频发。不仅如此，去角膏无法到达皮肤深部，留在皮肤内的角蕾会继续发育生长，可引起各种长度和形状的角质组织增生，形成"畸形角"（图4-12）。公羊雄激素分泌旺盛，畸形角尤其常见。这类角可能在奶山羊打斗中被折断，也可能在生长中嵌入皮肤里，导致头部受伤。

7.患眼部疾病 奶山羊容易罹患眼部疾病，多以传染性细菌性结膜炎为主（图4-13），民间称为"玉石眼"。在光下检查，可见角膜表面不平，透明表面呈淡蓝色或蓝褐色，病羊常伴有疼痛、羞明、流泪。久之，眼角积累黏液性分泌物，结膜潮红，如不及时治疗可造成溃疡及永久性失明，导致采食困难，运动障碍。眼部疾病通常是传染性结膜炎、角膜炎所致，是由嗜血杆菌、立克次氏体引起的一种反刍动物急性传染病。生产中尽量避免引入患有眼病的奶山羊，否则会造成大面积暴发。

图4-12　畸形角个体

图4-13　细菌性结膜炎

8.头部饰毛　　另外，民间认为"不同品系的奶山羊个体具有不同的头部饰毛特征"（图4-14），如"英系萨能奶山羊""德系萨能奶山羊""澳系萨能奶山羊"等。但据笔者考证，尚未有国家在进行奶山羊良种选育时将头部饰毛作为一种性状进行特殊选择，头部饰毛也与生长、产奶、生产等经济性状无直接关系。因此，通过头部饰毛来判断血统来源实属谬传，不可轻信。

图4-14　各式各样的头部饰毛

奶山羊颈肩部鉴定技术

奶山羊的颈部以7枚颈椎及颈韧带为基础，上方与头部相连，下后部与鬐甲、肩及胸部相连。颈部左右两面为颈侧，由斜方肌、臂头肌等支撑外部形态，颈上缘为项韧带，下缘浅埋气管、食道、颈静脉等重要脉管通路。颈侧下方有纵向浅沟，名曰颈沟，是静脉动脉大血管所在位置，位置浅表，且血管较粗，兽医进行血液采集时往往在此部位操作。

体高是指从鬐甲顶部到地面的距离（图5-1）。根据美国奶山羊育种协会测定，萨能奶山羊成年母羊体高平均为76cm；而66cm以下的奶山羊通常被认定矮小或发育不良；体高在86cm以上的个体则属于体型较大的优秀个体，从身体基础条件来看，具备较高的泌乳潜力。

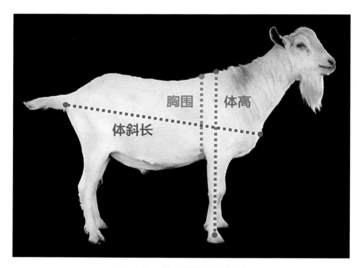

图5-1　体尺测量示意图

一、颈部与鬐甲鉴定技术

（一）理想型

第1、2颈椎骨被称之为"寰椎"与"枢椎"，具有连接头部与颈部的特殊功能，向上形成头部自由旋转的骨骼基础，向下适应于颈部的支撑与转动，细分可称之为"项部"。

通常情况下，羊有13枚胸椎、6枚腰椎。但在蒙古羊等地方品种群体中，有一定比例的多脊椎变异个体，受*Homeobox*基因调控的胸椎数目可达14枚，腰椎数量可达7枚，对产肉性能有较大提升，但这种现象在奶山羊中出现的情况较少。其中，第1、2、3、4枚胸椎棘突逐渐升高，此后开始逐渐下降。棘突的最高点为第3枚与第4枚，且具有宽大的顶端，使大量软骨组织及韧带附着，形成"鬐甲"。因此，鬐甲的羸弱厚强是影响奶山羊颈部与前肢负重及动力传导的关键（图5-2）。

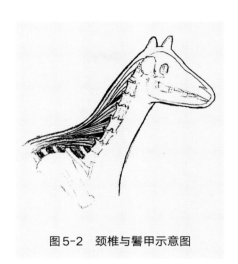

图5-2　颈椎与鬐甲示意图

项部向下为颈部。颈就像一个弯曲的杠杆，能够进行各种方向的运动，同时对调节全身平衡、重心移动有着非常重要的作用。奶山羊理想的颈应修长而有力度，长度大致为体高的2/5，方向以与地平面呈45°角为宜，轮廓干净、分明，并平滑地融入肩部和胸部（图5-3）。

通常情况下，奶山羊鬐甲轮廓清晰且呈尖锐的楔形。但是在干奶期或泌乳前期，因妊娠营养需要量增加，奶山羊脂肪沉积与体况评分应高于日常，所以该阶段鬐甲部位比泌乳高峰期可适当宽厚。生产中应关注肩部、颈部区域及肘部以上胸肋区域体脂的覆盖程度，以此来判断奶山羊的营养程度。但鬐甲过高、过低、薄、短都不是良相，对奶山羊行走奔跑等日常行为均会造成一定影响。

图5-3　理想的颈部形态

（二）不良型

1. **粗颈与厚鬐甲**　这两个性状通常相伴出现，颈部不能很平顺地融入肩部，同时鬐甲部位肌肉附着较多，缺乏奶山羊清秀的乳用特征；另外，颈部长度的减少可能会在奶山羊放牧采食时引起肩部劳损。但对与肉用山羊来说，这是很好的表型。因此，想利用奶山羊作为母本，与波尔山羊等肉用山羊杂交，对生产肉羊的养殖户而言，拥有厚鬐甲的个体应该被留种选用（图5-4）。

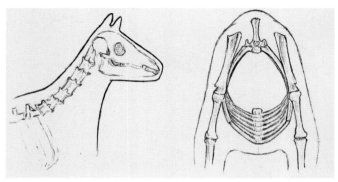

图5-4　短粗型颈部示意图

2.细颈与薄鬐甲　在鬐甲的前部表现出明显的凹陷，这可能是由于颈部韧带薄弱或椎骨下陷引起的，且脊椎顶部变短，无法像理想的鬐甲一样提供牢固的肌肉与韧带附着；同时，影响前肢附着，重心前移，缺乏力量，头颈向上抬举困难，且前肢运动受限，行走运动羸弱无力、喜卧、不活泼，通常伴随凸背及窄胸等不良性状出现，生产性能低下（图5-5）。

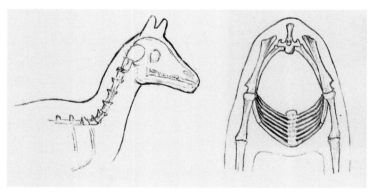

图5-5　窄浅型颈部示意图

另外，还有一些个体胸椎棘突过高，造成鬐甲两侧凹陷，锋利而有棱角，被称之为"锐鬐甲"，多见于老羊或过于贫瘦的个体，这类羊同样不可用（图5-6）。

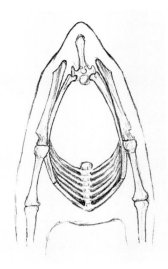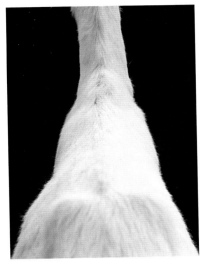

图5-6　锐鬐甲示意图

在努比亚山羊和波尔山羊中，尤其是种公羊，允许在颈部出现垂皮特征。这是它们的品种特征及公羊悍威的表现之一，也是肉用型山羊或个体颈部肌肉张力差，甚至受到重度寄生虫侵扰的表现，养殖户应注意检查及选留。诸如，萨能奶山羊、阿尔卑斯奶山羊、吐根堡奶山羊等欧洲品种下喉处不应出现过多松散的皮褶及赘肉（图5-7）。

图5-7　颈下部垂皮

二、肩部鉴定技术

（一）理想型

髻甲左右两侧为肩，通常被认为是前肢与体躯结合的重要部位，是奶山羊前躯结实程度和颈躯结合是否良好的关键性状。理想的肩部是肩胛骨平滑地融入体躯，上缘具有足够的宽度，可以为肌肉附着提供足够的区域；向下逐渐变细，与肱骨上端结合紧密而牢固，肩胛骨中线与肱骨之间呈120°～140°角（图5-8）。

肩部对奶山羊的运动和步态有很大的作用，因为它支撑前躯体重，并在行走和奔跑时对躯体有缓冲作用。另外，肩胛骨和肱骨角度对前肢运动时的肌肉力量和效率，以及肩胛骨和肱骨之间的角度对前躯的缓冲能力有直接影响。在奶山羊运动时，肩胛骨与肱骨彼此靠近，从而提高缓冲效果（图5-9）。

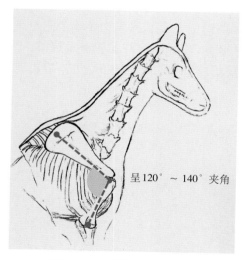

图5-8　理想的肩胛骨夹角

图5-9　理想肩部形态

（二）不良型

1.垂直型肩　过于垂直的肩胛骨没有足够的角度来减缓运动过程中体重对前肢产生的震荡（图5-10），会使肩关节承重陡增，同时膝盖和系部承受压力也会相应增大，迫使其承受更强的运动冲击，导致关节的压迫损伤。老年个体会出现退化性关节炎，以及长跪不起的情况。

　　拥有垂直型肩部的奶山羊其肩胛骨上缘明显高于正常形态的鬐甲（图5-11），肩部不良的个体在长时间行走和站立时相对容易疲劳，因此难以适应放牧的生产方式。另外，频繁地俯仰采食也容易使肌肉疲劳，不能采食充足的饲草料，导致生产性能发挥不稳定，甚至生产寿命降低，应尽早淘汰出群。

图5-10　垂直型肩部肩胛骨与肱骨角度示意图

图5-11　垂直型肩部肩胛上缘突出

　　2.开张型翼状肩　　开张型翼状肩是由奶山羊前肢骨骼结构不良、肩部附着疏松、肌张力差引起的，表现为肩胛骨顶部在鬐甲处被推向外部，从而将肩点和肋骨向内推，挤压胸腔（图5-12和图5-13），减少了肺部空间，无法提供足够的前肢支撑，并且阻碍了运动。

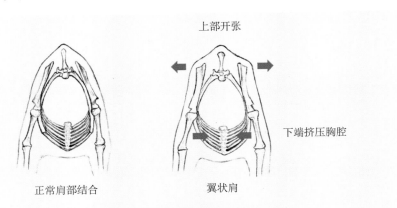

图5-12　开张型翼状肩示意图

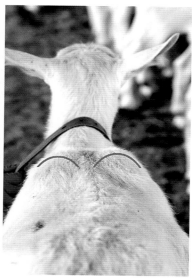

图5-13　开张型翼状肩（肩胛骨开张，上缘轮廓明显）

CHAPTER 6 第六章

奶山羊躯干部鉴定技术

奶山羊躯干部包括鬐甲、背腰、胸部、腹部及尻部等部位，占机体的绝大部分比例，其结构优良与否对奶山羊的泌乳寿命与健康程度也有极其密切的关系。

一、胸廓部鉴定技术

胸廓是躯体的最主要部分，羊的胸廓是以13枚胸椎、13对肋骨（其中有8对真肋、5对假肋）与胸骨构成，前胸宽度与胸腔发育程度成正比。另外，胸廓包围着心脏及肺脏，因此成为心肺能力强弱的外部体现，宽广的胸廓可以提供充足的心肺空间。宽胸及窄胸示意图及实际图见图6-1和图6-2。

笔者在法国学习时发现，法国1周岁奶山羊母羊平均胸围为87cm，高于87cm则可认定为优秀个体，而1周岁关中奶山羊母羊的平均胸围为91～94cm。

除了正常泌乳外，在妊娠后期，胎儿体型、体重迅速增加，压迫腹腔和胸腔空间，母羊需要充足的氧气摄入和血流供给才能安全产羔并泌乳。因此，具有广阔胸围的奶山羊个体可以为心肺提供更大的空间，也是生产能力优秀的表现（图6-3）。

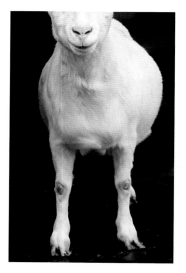
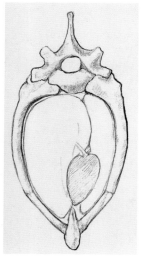

图6-1　宽胸及其示意图

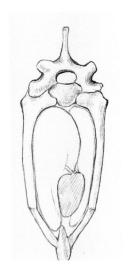

图6-2　窄胸及其示意图

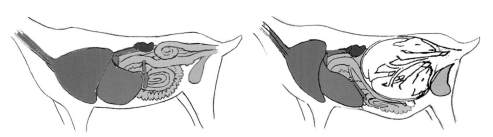

图6-3　妊娠后期（胎儿发育迅速，挤压脏器）

二、背部鉴定技术

　　背部是以胸椎和腰椎为基础的体表部分，与腹部共同构成躯干后部，其主要功能是连接奶山羊身体前后躯与腹腔脏器的承重，运动时将后躯推动力传导至前躯，同时腰椎为腹壁肌肉、反刍消化器官、孕期幼畜及奶山羊沉重的泌乳系统提供韧带与肌肉的附着点，塌腰、驼背、脊柱侧弯均会严重降低奶山羊的生产能力。因此，奶山羊背部的优劣对奶山羊整体生产性能的影响较大。奶山羊背腰部没有多余的骨骼支撑，就像一座"索桥"（图6-4），由脊椎彼此契合组成。背腰良相应是平、直、宽、广，肌肉强大而结实，腰部宽短而有力。

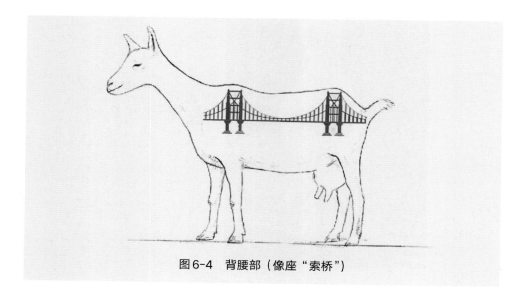

图6-4　背腰部（像座"索桥"）

奶山羊常见的背部形态可大致分为平背、凹背、凸背（鲤背）3种类型。

（一）理想型

正常健康个体背部平直或微微凹陷（图6-5），长度适宜，肌肉发达，背中线于身体正中，腰椎宽而呈水平状。此类个体负重能力强，可以悬挂发达的消化系统与泌乳系统，在妊娠后期胎儿体重陡增时仍能承受重量，且后躯动力更容易传至前肢，因此行动能力也更强。

 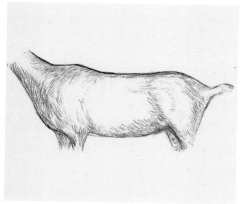

图6-5　平背形态及其示意图

（二）不良型

1.凹背 此类个体通常伴有高的鬐甲，即在脊柱的鬐甲和尻部之间形成一个下陷（图6-6）。凹背有先天畸形与后天畸形两种情况，如老龄个体与胎次较多或多胎妊娠母羊均容易因内脏器官过重而导致腰椎拉紧畸形，从而形成凹背，且随着年龄的增加会恶化。此类个体行动不便，泌乳寿命也相对较短，宜尽早淘汰。

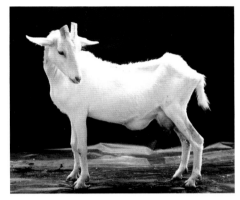

图6-6 凹背形态及其示意图

2.凸背 又称为鲤背，即奶山羊背部向上隆起（图6-7），多见于先天畸形或羔羊早期营养不良，使得鬐甲和尻部之间的脊椎向上弯曲。此类奶山羊行动呆滞，且具有遗传性，应尽早淘汰出群。

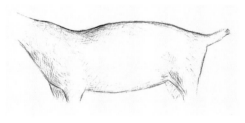

图6-7 凸背形态

三、腰部鉴定技术

奶山羊腰椎通常有6节（图6-8），腰椎向前与胸椎相连，向后与荐椎连接。腰椎骨骼都具有明显的横突，这是腰部骨骼的显著特征。前3节腰椎的椎体接近三棱形。腰椎所有的棘突都向前倾斜，横突为长板状，其长度自第1～3逐渐增加，再往后又逐渐缩短。因此，俯视奶山羊腰椎，其边缘轮廓呈卵圆形。

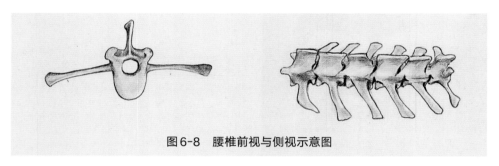

图6-8　腰椎前视与侧视示意图

腰部骨骼本身变异较小，无需过多地阐述其结构细节，但腰部却是进行奶山羊体况评估重要的关键部位。体况评估是衡量组织储存状况及监控动物能量是否平衡的一种方法，揭示动物身体脂类（脂肪组织）和蛋白质（肌肉组织）的贮备状态，这些贮备可以用于维持动物的生理活动、妊娠和生产。了解群体和个体奶山羊的体况评分，可以对其相应生长时期的饲养效果进行评估，以便及时调整群体日粮营养，消除不合理的营养供给，纠正不当的管理方法，对养好奶山羊至关重要。

进行奶山羊体况评分时具体操作如下：

1.使羊自然站立　开展体况评分前，先使待测奶山羊自然站立在平整的地面上，观察其整体发育情况与体型结构、鬐甲部脂肪沉积情况及腰部与尾部脂肪的覆盖度。然后在腰椎局部触摸奶山羊腰椎棘突和腰椎横突、短肋和眼肌上覆盖肌肉及脂肪的程度。

2.确定评分区间　首先找到最后一根肋骨，向后数到第4～6腰椎横突，确定奶山羊体况评分位置区间（图6-9）。

3.以3分为基础，依据腰椎脂肪附着程度增减评分　用手掌触摸腰椎两侧斜面，触诊棘突两边肌肉与脂肪沉积情况。如果附着肌肉是平直的，则可直接判定为3分（图6-10）。

图6-9　体况评分区间

图6-10　用手掌触摸腰椎两侧斜面

4.不达3分者触摸关节前突　若腰椎斜面内凹，则说明体况评分不及3分，则需用指尖触摸棘突两侧的关节前突，如能摸到则为2.5分，如果不能摸到则为2.75分，如果能从视觉上可以直观看到关节前突则为2.25分（图6-11）。

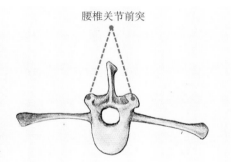

腰椎关节前突

图6-11　用手尖触摸棘突两侧的关节前突

5.能摸到关节前突时继续触摸腰椎横突　如能将手指伸到腰椎横突间隙之间，则评为2分，如不能则维持2.25分（图6-12）。

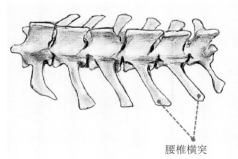

腰椎横突

图6-12　用手指贴进横突间隙

羊群中90%平均膘情应为2.0～3.5，不可过肥，也不可过瘦。0分与1分的个体，极度瘦弱，皮骨紧密相连，健康状态极差，接近于死亡，所以很少见到（图6-13）。但奶山羊养殖不会出现像育肥肉羊一样短期快速育肥的饲喂方式，会控制精饲料的供给量，因此也很少有能达到4分以上的个体，5分个体更是少见。因此，奶山羊体况评分范围虽然是0～5分，但大多数正常奶山羊群体的体况评分为2～3.5分（图6-14）。

图6-13　健康状态极差的个体

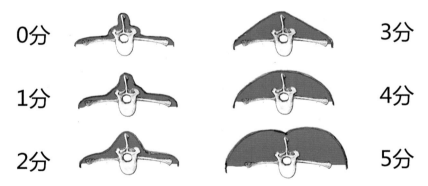

图6-14　奶山羊体况评分示意图

四、腹部鉴定技术

腹部是身体靠后方的躯干部分，该部位起始于最后一对肋骨后缘、腰椎以下、胸骨剑突向后的位置，止于髋结节，没有肋骨包裹保护，仅由柔软的被毛、表皮与腹壁肌肉所覆盖，以保持腹型。

奶山羊腹部的大小和消化系统的容积直接相关，但不同个体均存在差异。腹部内主要有消化系统与生殖系统，因此是兽医临床诊治及判断奶山羊妊娠状态的重要区域。

此外，由肋骨后缘、腰椎横突、髋结节及腹内斜肌褶皱形成的一个三角形深窝，称之"肷窝"（图6-15），用于评判瘤胃的充盈度和采食量是否充足。

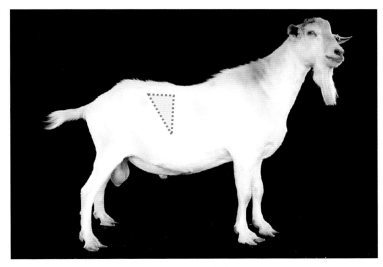

图6-15　肷窝

（一）理想型

理想的腹型应有适当的容量，拱圆且有深度，侧视时腹部下缘应与背部基本保持平行，腹部后缘稍稍上提，精致紧凑而充实，没有多余的赘肉组织，且与肋骨没有明显分界（图6-16）。

（二）不良型

1.卷腹　卷腹也叫吊腹，腹部后缘急剧提升（图6-17），多为幼年时期罹患消化系统性疾病或后天营养不良造成的。因存在狭小的胃肠道空间，所以卷腹容易造成后天采食不足，营养摄入不足，进而影响泌乳性能，应尽早淘汰。

2.垂腹　腹肌松弛，腹部下垂（图6-18），收缩力差，解剖后可见大量脂肪蓄积，致使腹壁下缘靠近地面，是肉用羊的一种形态特征。奶山羊中多见于老龄个体，与凹腰形态伴随出现。此腹型食量颇大，步伐缓慢，呼吸困难，外形难看，属于严重失格、外形丑陋且生产性能差，也应尽早淘汰。

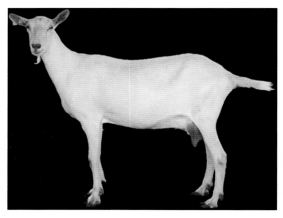

图6-16 理想的腹型及其示意图

图6-17 卷腹及其示意图

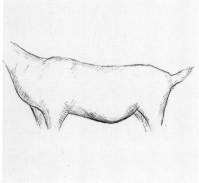

图6-18 垂腹及其示意图

3.草腹 腹部下垂，且左右膨大，拱圆突出（图6-19），多为羊群中的强势个体，争抢能力强，采食量大，该腹型个体容易因采食过量的精饲料而产生瘤胃酸中毒。妊娠后期母羊腹部膨大属于自然正常情况，形态与草腹个体类似，因此需要养殖者在实际生产中加以区分鉴别。草腹个体巨大的采食量会对泌乳性能造成严重影响，饲料转化率低，养殖经济效益较差，在生产管理过程中进行限饲后可以有所改善。

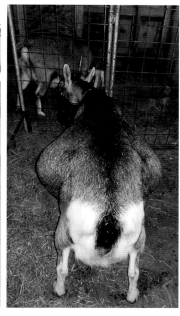

图6-19 草腹及其示意图

五、尻部鉴定技术

尻部是以腰椎后方的荐髂关节为主体，终于尾端，以骨盆及强大的筋肉群作基础，与后肢股骨相连接，在奶山羊行走、奔跑、跳跃等运动中起到重要作用。另外，骨盆是胎儿出生时必须通过的骨性通道，不仅关系到羔羊能否顺利出生，还与母羊产后泌乳与恢复直接相关，尤其是对母羊繁殖能力具有重要的影响。

髋骨是尻部重要的骨骼基础，是奶山羊身体中最大的一块扁骨，分为左右两部分，分别由髂骨、耻骨及坐骨愈合而成。理想的尻部具有一定的长度，轻微向下倾斜。坐骨结节后缘突出且有一定宽度，大致与背部齐平。髋结节位置较高，且后视时两个结节距离较宽，目的是保证胎儿产出时有足够的空间通过，两边肌肉丰满而平整，乳房后附着位置较高，且尾根处没有多余组织（图6-20）。

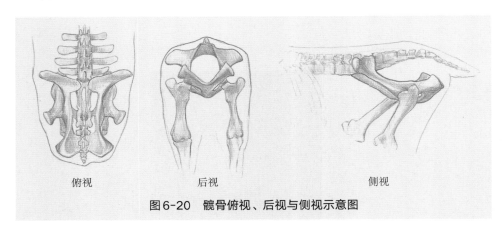

俯视　　　　　　　　后视　　　　　　　　　侧视

图6-20　髋骨俯视、后视与侧视示意图

　　首先尻部的适当倾斜可帮助母羊增加胎儿及胎衣重力的作用，使其在分娩时顺利排出胎儿（图6-21）。其次母羊产后恢复是一个复杂的生理过程，包括骨盆恢复到正常状态、子宫上皮再生、恶露排出及卵巢周期的重新开始。如果尻部结构异常，则容易引起胎衣恶露不下及阴门部位因容易粘有粪便而发生产道疾病感染，导致急性子宫炎、毒血症、败血症等。最后尻角度也与乳房附着区域深度有关，会影响乳房容量及生产性能。因此，奶山羊母羊的尻部形态鉴定是非常重要的一环。

图6-21　良好的尻部形态有助于母羊顺利排出胎衣及恶露

1. 尻角度 从侧面观察奶山羊的髋结节与坐骨结节的相对水平位置关系，可以大致将尻部形态分为平尻、斜尻、尖尻和斜上尻4种。其中，以髋结节略高于坐骨结节、尻角度适中的斜尻为良相（图6-22）。

如髋结节与坐骨结节基本水平，尻角度小于等于5°，则称为"平尻"（图6-23）。此类型个体产道出口上翘，恶露难以靠重力排出，同时产道分泌物容易粘在阴门处，相对斜尻容易发生产道细菌感染的可能。另外，当放牧奶山羊用前肢攀爬树木及灌木丛采食及用后肢站立打斗玩耍时，平尻可能会拉伤背部肌肉和脊椎韧带，造成久卧不起，因此此类个体不可选留。

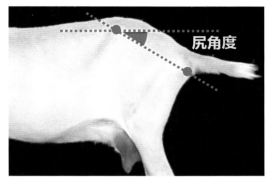

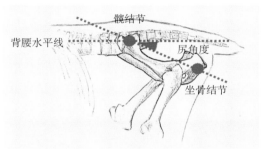

图6-22 尻角度及其示意图

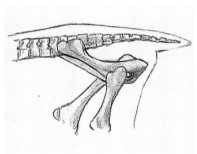

图6-23 平尻及其示意图

但坐骨结节太过低于髋结节，尻角度大于50°，则被称之为"尖尻"，可能造成奶山羊后肢向前推移，同时减少乳房后附着区的长度，从而改变整个奶山羊身体后肢承重，也不可取（图6-24）。

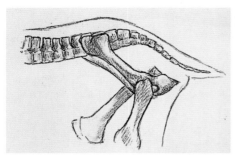

图6-24 尖尻示意图及尖尻（左）、斜尻（右）侧视对比

2.尻长 尻长是指髋结节到坐骨结节之间的距离，是综合评判体长及身体容积的参数指标。此性状与体高有很大的正相关性，个体较大的奶山羊一般拥有较长的尻长。如尻部较短，则会降低骨盆的体量容积，并可能导致乳房附着空间缩短（图6-25）。

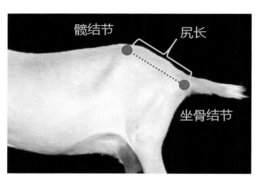
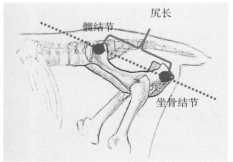

图6-25 尻长及其示意图

另外在实际生产中更重要的一点是尻长与盆骨下口的长轴直径呈正相关。也就是在同等尻宽的情况下，尻长较长，盆骨下口越大，分娩时羔羊越易通过，难产率越低（图6-26）。尻长或尻宽不足，在分娩时会给母羊与羔羊增加痛苦，强行拉拽会造成产道与羔羊损伤。

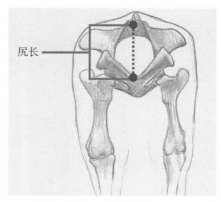

图6-26 尻长与盆骨下口的长轴直径呈正相关

3.尻宽　尻宽与母羊的易产性有关，尻宽越宽越容易分娩（图6-27）。萨能奶山羊成年母羊尻宽为23cm以上时更易于产羔，几乎不发生难产情况（图6-28左）；尻宽为18～20cm时会有3%～5%的概率发生难产（图6-28中）；尻宽小于12.7cm时表示骨盆出口处受限且收缩，后腿之间空间变小并妨碍正常产羔，导致产羔困难，同时会导致乳房附着空间狭窄，内部器官拥挤，泌乳性能较低（图6-28右）。

根据笔者观察，头胎羊尻宽几乎与尻长相等。随着产羔次数的增多，尻宽将逐渐大于尻长。此外，尻宽与体宽成正相关，可作为体宽的代表指标之一。同时，对青年羊进行尻宽测定可用来预测成年母羊的乳房宽度。

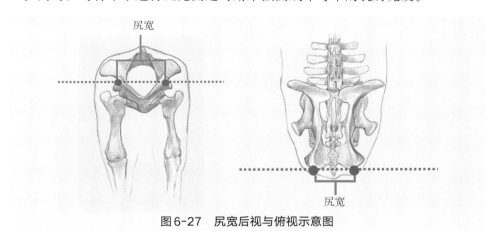

图6-27　尻宽后视与俯视示意图

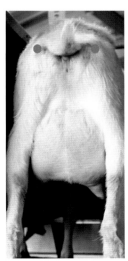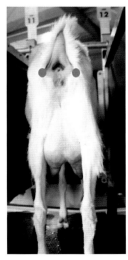

图6-28　宽尻（左）、中尻（中）及窄尻（右）

六、尾部鉴定技术

尾部被认为是尻的延伸部分，位于脊柱正后部且略微高于坐骨结节，并在坐骨结节正中位置，笔直且与身体对称。

通常情况下奶山羊尾部呈上卷状态，此为山羊的遗传特征（图6-29）。尾巴下卷可能是遗传缺陷，也可能是受外伤损害所致。虽然尾部畸形通常不会对生产性能造成严重负面影响，但下卷尾部会使阴门部位黏附粪便，容易造成细菌滋生与感染（图6-30）。有些个体尾根突出，可能是由于脊柱抬高引起的永久性畸形，也可能是在妊娠后期骨盆韧带松弛而造成的暂时性畸形。

图6-29　上卷尾部（理想型）

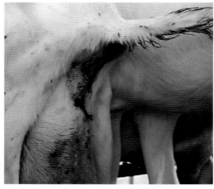

图6-30　下卷尾部

CHAPTER 7 第七章

奶山羊四肢及蹄部鉴定技术

　　因用蹄部承受全部身体重量与压强，所以良好的四肢和蹄部对奶山羊的健康和生产至关重要。如果奶山羊因肢蹄疼痛而导致运动困难或不舒适，可能更倾向于躺卧，无法保持身体肌肉张力，在群体中也无法保证能够获得足够的优质饲料，尤其是对放牧养殖方式下的奶山羊更是如此。另外，四肢羸弱的个体无法在羊群中保持社会地位，并可能被羊群内的强势个体排挤和欺凌。

　　奶山羊的运动量越少，肢体健康程度就越差。一些奶山羊养殖场没有设置户外运动场，奶山羊的一生都在棚舍内厚实的垫床（图7-1）、柔软或泥泞的地面上度过，几乎没有运动的机会，四肢和蹄部的肌肉张力随着年龄的增长而逐渐松弛。但如果到坚硬的地面上进行恢复性锻炼，则可以在一定程度上改善这种状况。

图7-1　垫床会影响蹄部健康

　　奶山羊四肢和蹄的健康是紧密联系的，不良的肢形会影响蹄部健康，蹄部有病变同样会影响四肢的健康程度。如果一条腿跛行，则会改变另一条腿的受力平衡和重量分布，迫使另一条腿也逐渐出现问题。久而久之，患病奶山羊的肩膀和尻部结构也会受到不良影响。

　　奶山羊的四肢和蹄部同样是随着年龄增长而最早出现退化的部位，尤其是后肢，承担着泌乳系统及腹腔大部分脏器的重量，相比前肢更容易受到损伤。应该注意的是，因肢蹄缺陷对羔羊造成的影响要比成年羊更严重，因为羔羊的蹄部病变更容易随着年龄的增长而迅速恶化。

一、前肢鉴定技术

奶山羊前肢由肩胛骨、肱骨、桡骨、尺骨、掌骨及蹄匣等主要骨骼组成。

（一）理想型

理想的前腿外观应笔直、强壮而有棱角，触摸骨骼应精致、坚硬，关节紧致、牢固，没有多余的骨骼增生及赘肉附着。奶山羊前肢长度与体高成正比，前肢间的宽度由前肋骨的韧带和胸部肋骨宽度所决定（图7-2）。

（二）不良型

1.O形前肢　奶山羊O形前肢（图7-3）主要表现为膝关节、掌骨和系部拉紧向外，通常是由肘点外拐引起的，双蹄因身体重力作用会逐渐向内转，通过膝关节变成弧形来补偿矫正。

图7-2　理想前肢

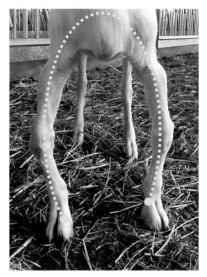

图7-3　O形前肢

严重的O形前肢可能是遗传因素造成的，也可能是膝关节弱或骨骼变软因承受过大的体重而弯曲，在青年羊发育阶段不正确的修蹄也可能导致轻微的O形前肢。

2.X形前肢 奶山羊X形前肢（图7-4）主要表现为肘端及系部向内推，压迫掌骨和系部内侧。X形前肢的成因大致可分为三种：一是遗传因素造成的，因此有X形前肢的奶山羊坚决不能作为种羊留种；二是四肢骨骼在胎儿发育时期受到挤压及碰撞等因素的影响，引起系部关节变形而成，但这种情况大多表现为单侧系部内偏；三是不正确的修蹄方式或由骨骼变软引起的，导致奶山羊只能依靠膝盖内靠，双蹄向外转的方式保持身体平衡；四是在年老的奶山羊中，膝盖和系部关节韧带松弛或受损形成的。

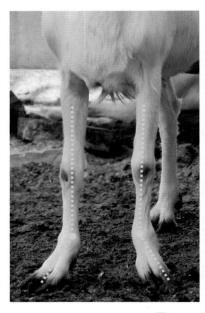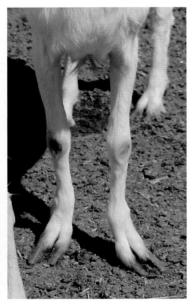

图7-4　X形前肢

二、后肢鉴定技术

有一定弧度的股骨可以使乳房后方有更大的附着空间，同时在奶山羊行走时后肢也更容易向前迈进。因此，要求奶山羊身体后方必须有一定的空间，以便承载和负担沉重的泌乳系统。一般情况下，可以用两个重要的参数来评价奶山羊后肢的健康程度，一个是正后方评判——拱门宽度；另一个是侧视进行评判——飞节角度。

1.拱门宽度　拱门宽度是从后方对奶山羊泌乳系统进行鉴定的重要评估指标，可以衡量奶山羊潜在的泌乳能力，直接影响着乳房的贮奶能力，间接反映母羊常年反复挤奶且乳房仍能保持其形状和位置的能力。拱门宽度是指两腿股骨与乳房上缘共同围成的弧形宽度。

理想拱门呈半球形，具有较宽的后腿间隙（图7-5），可以为乳房韧带提供极为广阔的附着空间，理想的拱门宽度为13cm以上（图7-6）。

中等拱门呈柚子形，上部尖锐，但仍留有一定空间供乳房附着（图7-7）。此类性状在国内群体中比例较大，生产中不可能全部淘汰，也可选留。

劣等拱门呈枣核形，股骨互相靠近，占用乳房韧带的附着区域，并压迫整个乳房系统向前移动（图7-8）。此类型奶山羊后肢空间不足，运动时会不断挤压乳房，导致乳房

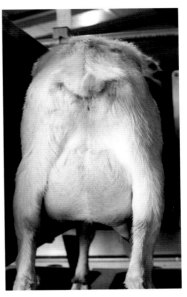

图7-5　理想的半球形拱门

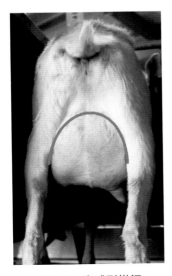

图7-6　半球形拱门

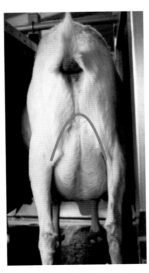

图7-7　柚子形拱门

图7-8　枣核形拱门

歪斜悬垂，出现偏乳，此类个体在生产中应逐渐淘汰。

2.飞节角度 飞节是以跗骨为基础，向后突出且轮廓清楚。飞节角度是指从侧面观察奶山羊的胫骨到飞节，再到系部三点所形成的角度（图7-9）。飞节处需要承担大部分的后躯重量，因此该性状与后肢、蹄部的支撑力和耐久性有关。

飞节角度大约呈145°比较理想，不但可以有效地吸收后肢运动带来的振动与颠簸，而且还可以为后躯提供强大的推动力，便于奶山羊行动和奔跑。

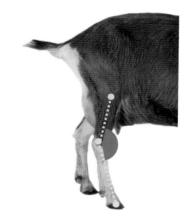

图7-9 理想的飞节角度（145°）

曲飞节民间又称"镰刀腿"，是指在飞节处弯曲得很深，双蹄在腹下过度前伸，臀部、系部及后肢韧带拉紧，蹄后跟部过度磨损（图7-10）。随着年龄增长会出现卧系及长蹄，每走一步蹄部都会费力抬高，离开地面。因此，需要经常修剪蹄甲。如果不加以注意，则泌乳年限将大大缩短（图7-10）。

直飞节，指后膝关节几乎没有角度（图7-11），缺乏弹性，腿部每个关节

图7-10 曲飞节

图7-11 直飞节

都随着重量的变化而被带动在一起。此类个体年老后会发生跛行，影响泌乳寿命，亦不可取。

　　3.后肢踏位　奶山羊不良的站姿会影响泌乳寿命的长短，后肢踏位即是关系到体躯与肢蹄是否协调、站姿是否立正的性状。最佳的后肢踏位是从髋结节向下引出的垂直线，必须通过后蹄中心部。如后肢踏位靠前，称为前踏（图7-12左）；踏位偏离髋下垂线靠后，则称为后踏（图7-12右）。这两种不良踏位均会使腿部向前或向后倾斜，进而对腿部肌肉施加额外的压力。随着年龄的增长，后踏会使母羊泌乳系统韧带松弛，乳房拖地；也会使公羊罹患肢蹄疾病，降低种用效率（图7-13）。

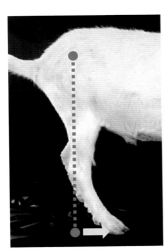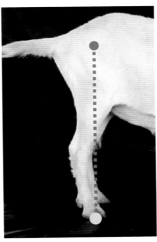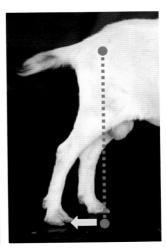

图7-12　前踏（左）、正踏（中）与后踏（右）

图7-13　后踏容易导致肢蹄疾病

　　除上述后肢不良形态之外，羊群中偶尔可以见到后肢畸形的个体。主要有以下3种形态：

　　（1）O形后肢　此类个体骨骼角度粗笨，飞节和系部受到体重向外的压力后，蹄部内转以帮助保持体躯重心不偏离（图7-14）。O形后肢可能是遗传或是由飞节、系部、肌肉或骨骼连结较弱引起的，也可能是修蹄或蹄形状不当导致的（图7-13）。

　　（2）X形后肢　即奶山羊后肢两侧飞节向内转动（图7-15），向前挤压乳房迫使其侧角悬挂，容易造成乳房受伤，因为后腿每走一步都会撞击、摩擦乳房。为了保持平衡，X形后肢的奶山羊蹄部会向外伸展代偿，年老之后因为骨骼长期偏离受力，使整条腿承受过多压力，可能伴随出现飞节肿大的症状（图7-15）。

　　（3）关节肿大　奶山羊关节肿大通常是由扭伤、运动劳损、关节炎、感染逆转录病毒或关节损伤造成的（图7-16）。关节内滑液分泌过多或慢性肌肉附着肿胀，使前肢或后肢出现肘部或飞节肿大，如肿胀较软，触诊有波动感，通常不会引起永久性跛足。但如果肿胀质地较硬，甚至有骨质型病变，则奶山羊会久跪不起，多半预后不良，不可留用。

 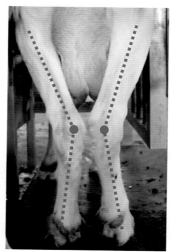 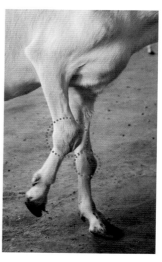

图7-14　O形后肢　　　　　图7-15　X形后肢　　　　　图7-16　关节肿大

三、蹄部鉴定技术

　　由于蹄部直接与地面相接触，因此非常容易受到体表创伤及细菌侵入，尤其是在集约化舍饲条件下，不良的卫生环境与肢蹄健康情况易成为造成奶山羊跛行的突出问题（图7-17）。

图7-17　由蹄部病变导致奶山羊常跪不起

（一）系部

奶山羊系部主要以系骨和冠骨为基础，与地面成一定倾斜角度。系部应粗壮结实，富有弹性。理想的系部可以吸收运动带来的震荡，且长度不可过长，与蹄部平滑相连，附着强大的肌腱（图7-18）。良好的前肢系部应与地面呈45°～50°的夹角，后肢系部呈50°～55°的角。角度稍小的系部也可以接受，但后部屈肌腱存在较大的力学缺陷，随着年龄的增大则更容易恶化为卧系。

（1）立系　系骨较长，但冠骨较短，系部缺乏韧性和足够的活动范围，负重性能差，行动时四肢缓冲能力较弱，容易造成运动损伤，一旦受伤便有发展成为卧系的趋势（图7-19）。

（2）卧系　是指奶山羊系部关节活动范围变大，所有的重量都由蹄部韧

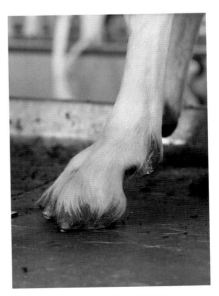

图7-18　理想系部形态

带与肌肉支撑，而不是由正常情况下的骨骼支撑（图7-20）。当卧系程度比较严重时，会造成悬蹄接触地面，体重转移到跖骨上，蹄部后跟磨损较多，蹄趾向前生长、变长，并分开双趾去维持平衡，久而久之会出现关节炎症。卧系属于严重缺陷，且据民间养殖经验，卧系遗传性较强。因此，此类个体不可作为种畜，宜尽早淘汰。

图7-19　立系

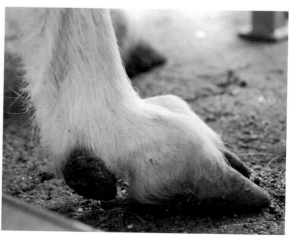

图7-20　卧系

（二）蹄部

蹄部的主要组织结构由蹄表皮、蹄真皮及蹄部骨骼构成。优良形态的蹄部，要整洁而稍稍隆起，蹄壁坚硬而有韧性，光滑没有裂痕。一般情况下，奶山羊用蹄部外缘的角质层来支撑身体重量，而非蹄底中间内表面深拱处的敏感部位。

1.理想型　理想的蹄部整体应该笔直而紧凑，脚趾紧靠，跟部深而水平，蹄掌部位保持水平（图7-21）。

2.不良型　如果因长时间舍饲或没有及时修剪，则蹄部容易出现腐烂或受伤等病变。生产中奶山羊通常会通过采取异常姿势来减轻疼痛，这些异常姿势会向足底

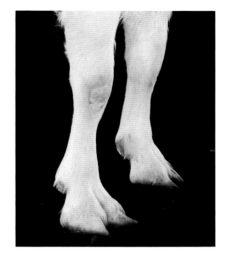

图7-21　理想的蹄部形态

中央的脆弱神经末端施加压力，可能导致新的蹄病或四肢问题，使蹄部结构缺陷更加严重，从而形成恶性循环。蹄部存在严重病变的奶山羊几乎完全用系部支撑行动，每走一步蹄部都会高高抬离地面，以减缓由疼痛造成的刺激。因此，奶山羊肢蹄问题应是饲养者日常巡圈的主要关注内容之一。异常肿大的蹄部及未及时修剪的蹄部见图7-22和图7-23。

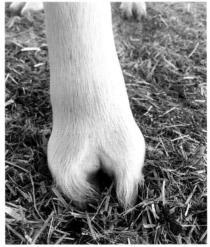

图7-22　异常肿大的蹄部

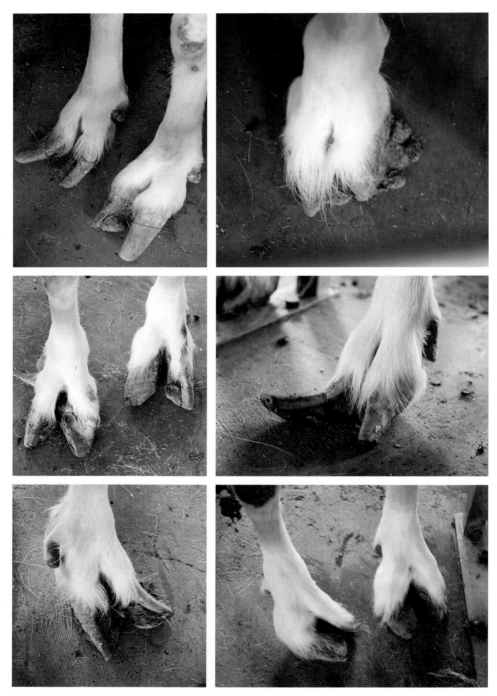

图 7-23　未及时修剪的蹄部

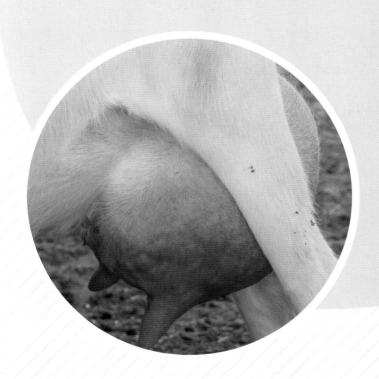

CHAPTER 8 第八章

奶山羊泌乳系统鉴定技术

奶山羊是以产奶为饲养目的的小型反刍动物，一般情况下泌乳期可达7～10个月，年均产奶量可达450～600kg，国外优良品种年产量甚至可达1 200kg以上，相当于奶山羊自身体重的15～20倍，单位活体重的产奶量比奶牛高5倍以上。奶山羊具有如此强大的泌乳能力，与其发达的乳腺组织有密不可分的关系。因此，乳腺形态是所有奶山羊体型外貌鉴定中最关键的一环。

奶山羊的乳腺位于腹股沟，附着于后腿内侧。理想形状为椭圆形的袋状，由中悬韧带从中央分为左右两部分，每部分均由实质和间质组成。实质具有合成、分泌和排乳功能，其基本结构单位是由腺泡及乳腺小叶构成的乳腺叶，是完成泌乳生理的主要结构基础。乳腺间质中主要是由脂肪组织与结缔组织包裹的血管、淋巴管及神经等脉管，起保护和支持腺体组织的作用。

一般情况下，奶山羊间隔12h进行挤奶。因此，评估其乳腺系统时，最好在充满乳汁时判定，此时结果也最准确。但乳房不宜过度饱满，因为长时间不挤奶，母羊乳房会变得过度紧绷与膨胀，甚至伴随乳头渗漏现象，影响判断的准确性。

一、乳腺悬挂系统鉴定技术

奶山羊在泌乳期内乳房的平均重量可超过8kg，约占体重的1/8。如此庞大的器官如果没有强劲的悬挂系统做支持，乳腺会因为乳汁和血液的压迫而崩解。奶山羊乳腺悬挂系统包括一系列强健的韧带，将乳房直接或间接地附着悬挂在后躯骨骼上。但伴随衰老，乳房悬挂系统会因反复哺乳羔羊及每年承担将近10个月的泌乳任务而逐渐松弛。因此，在青年时期有牢固而强韧的乳房悬挂系统是非常必要的。

（一）中间悬韧带（乳房悬垂）

奶山羊乳腺的形状很大程度上取决于中间悬韧带，该韧带也是奶山羊乳房悬挂系统的主要支撑。强大的中间悬韧带可以紧凑地将乳房悬挂在身体后躯，保持乳头处于适当的位置，并减少潜在的损伤（图8-1）。

中间悬韧带过长或缺失，将导致乳腺整体下垂，乳房底部出现隆起，泌乳寿命大打折扣。中间悬韧带过长、强度不足，导致乳房底部浑圆隆起（图8-2）；或随着奶山羊泌乳年限的延长而变得松弛，导致奶山羊乳头朝外，此类奶山羊在进行机械挤奶时容易造成乳导管折叠压迫。中间悬韧带过短，会导致乳房整体被明显分为两个（图8-3），乳腺容积也将大大缺失，会减少乳房空间与储奶能力，因此泌乳性能不高。

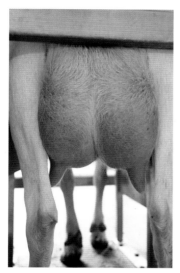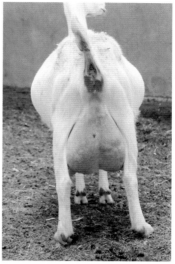

图8-1　理想的中间悬韧带

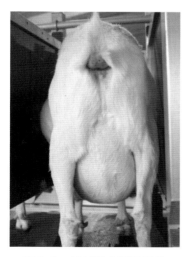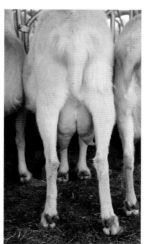

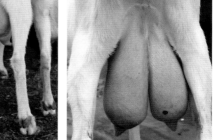

图8-2　过长的中间悬韧带　　　　图8-3　过短的中间悬韧带

（二）前乳房附着

前乳房附着是奶山羊乳房前方韧带与腹壁的夹角，该性状与奶山羊泌乳系统健康的相关性很高。理想的前乳房附着紧凑结实，前方韧带与腹壁的夹角呈钝角（图8-4），平滑地融入体壁，能很好地向前承载乳腺重量，使乳房紧紧地附着于腹壁，且乳房前悬韧带越长、越向前伸越好。中等强度的前乳房附着是指前方韧带与腹壁的夹角接近直角（图8-5）。一般情况下，如果奶山羊拥有强韧而牢固的前乳房附着韧带，将拥有较长的泌乳使用寿命。

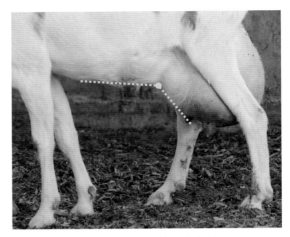

图8-4　理想的前乳房附着

　　松弛、虚弱的前乳房附着由侧韧带附着在体壁上的强度弱导致，前方韧带与腹壁的夹角小于90°（图8-6），在乳房前部和体壁之间形成一个口袋状凹槽，将缩短乳腺使用年限，而且该形状的乳房相对容易受到外伤或患乳房炎。

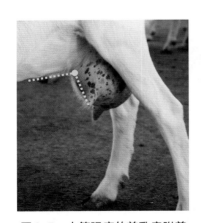

图8-5　中等强度的前乳房附着　　　　图8-6　松弛的前乳房附着

（三）后乳房附着

　　后乳房附着是指从奶山羊外阴部到后乳房附着点之间的距离（图8-7），乳房后平面毛发和皮肤颜色上的差异是判定附着点的一个重要指标。该距离短说明后乳房高且深，表明后乳房的乳腺发育好，泌乳能力高。良好的后乳房附着距离一般为5～15cm，小于5cm多是因为中悬韧带强度太大，限制乳腺发育，常见于肉用山羊乳房形态；大于15cm则乳房附着太过松弛，不利于长时间泌乳，影响母羊使用寿命。

后乳房附着与产奶量相关性最高，其高度可以显示奶山羊的泌乳潜力。该性状不仅会影响乳房的储奶能力，更重要的是多胎次奶山羊在常年反复挤奶后仍能保持乳房形状和位置的能力体观。除了观察之外，用双手度量评估后乳房附着面积也是非常有效的方法，优秀的后乳房附着可以牢固地将乳房融合到体壁上，且后乳房附着覆盖区域太大，双手无法覆盖（图8-8左）。而附着不良的乳房在其顶部和体壁之间有明显的界线，可以轻松地包裹在双手的跨度内（图8-8中和图8-8右）。

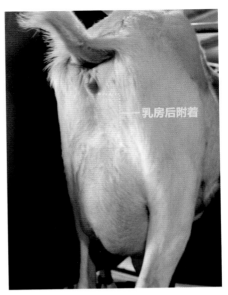

图8-7　后乳房附着

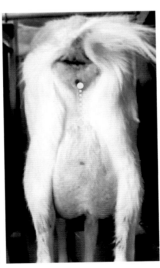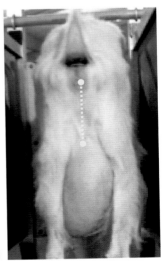

图8-8　强附着乳房（左）、中等附着乳房（中）与弱附着后乳房（右）

二、乳腺结构鉴定技术

（一）乳房下缘深度（后视与侧视）

乳房下缘深度为乳房底部下缘与飞节之间的垂直距离，适合的乳房下缘深度有利于乳房容积扩大。一般情况下，乳腺底部高于飞节至少5cm是比较理想的形态。但后乳房附着变弱、乳房下缘深度过大，使得乳房底部低于飞节5cm以上，会显得非常笨重，不便于母羊行走，并且在日常行动时容易受伤，同时罹患乳房炎的概率也会增大。乳房下缘深度不够，高于飞节15cm以上，说明储奶能力与泌乳容量极为有限，会大大限制奶山羊生产性能的发挥（图8-9和图8-10）。

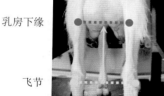
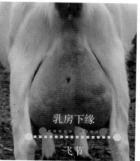

过浅的乳房下缘　　　　理想深度的乳房下缘　　　　过深的乳房下缘

图8-9　乳房下缘深度后视图

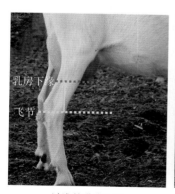

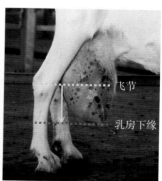

过浅的乳房下缘　　　　理想深度的乳房下缘　　　　过深的乳房下缘

图8-10　乳房下缘深度侧视图

（二）乳房宽度（后视与侧视）

乳房宽度与奶山羊潜在的泌乳能力和泌乳使用年限有关。从后方进行乳房宽度评判时，应尽量选择乳房宽度较大的个体（图8-11）。因为过窄的乳房宽度会降低乳房后附着强度和乳房容积，并且通常伴随较小的尻宽和较窄的拱门宽度，可能意味着没有足够的储奶能力。

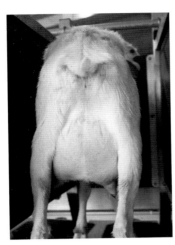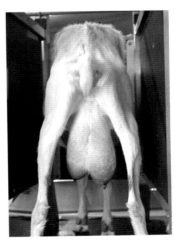

图8-11　理想乳房宽度（左）和过窄的乳房（右）

从侧面评测时，需要观察奶山羊乳房向后肢延伸的程度，即乳房后缘凸出飞节的程度。后缘未超出飞节的乳房，会限制乳房容量。但极端膨胀的乳房后缘，会因超大的重量增加泌乳系统韧带牵拉的承重而减少奶山羊的服役年限。理想的乳房后缘应是充盈丰满，紧凑而不下垂，这样形态的乳房具有较大的容量（图8-12）。

图8-12　不同程度的乳房宽度（侧视，最右侧为理想乳房宽度）

（三）乳头方向与位置（后视与侧视）

在集约化养殖条件下，如果无法轻松挤奶，则奶山羊的使用性能会大大降低。乳头位置决定了挤奶的难易性、挤奶效率和是否容易罹患乳房炎。不恰当的乳头生长朝向与位置会在机械挤奶时造成乳管折叠，进而导致乳汁残留。不但影响饲养的经济效益，而且奶山羊也相对更容易发生乳房炎。

当从后方进行乳头位置评价时，应观察两侧乳头相对于乳区中心的距离及夹角。理想的乳头形态应是分别处于两个乳半球中心位置，且笔直向下。偏离乳半球中心且乳头朝外或朝内的均为不良形态，虽然不与泌乳性能直接相关，但会影响饲养的经济效益（图8-13和图8-14）。

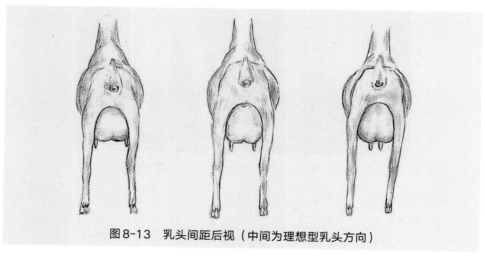

图8-13　乳头间距后视（中间为理想型乳头方向）

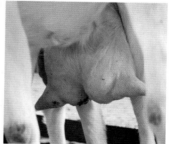

图8-14　内收乳头（左）、理想乳头（中）及外展乳头（右）

侧视时，主要观察乳头与体躯的夹角。理想形态是处于乳房中心位置，且稍向前倾向下，应与水平线呈75°～80°夹角（图8-15）。乳头向前，与水平线的夹角小于60°（图8-16）或乳头指向身体后方（图8-17），均可判定为不良形态，在机械化生产中容易折叠乳管，影响挤奶效率。

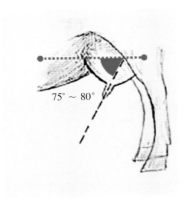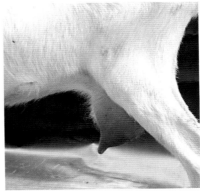

图8-15　理想乳头

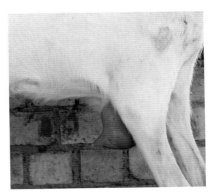

图8-16　不良乳头一（乳头向前）

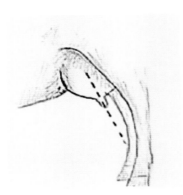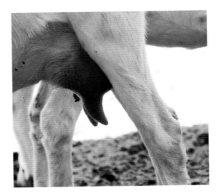

图8-17　不良乳头二（乳头向后）

（四）乳头形状

1.**理想型** 奶山羊乳头的评估内容包括数量、尺寸、形状与朝向。理想的乳头应分布均匀，间距适当，长短和大小尺寸适中，乳头底部与乳房连接面的直径约为2.5cm（图8-18）。大于5cm或小于1.5cm可被认定为过粗或过细。乳头呈圆柱形，乳孔位置没有肿瘤及疤痕组织等皮肤衍生物阻塞，侧视时乳头稍向前倾，更加适合挤奶设备与之匹配。

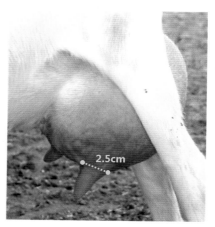

图8-18 理想的乳头基部约2.5cm

乳头由括约肌包围，在不挤奶时括约肌保持紧张状态，使乳池蓄奶；进行挤奶操作时，在机械刺激和激素的作用下括约肌转变为松弛状态，进行排乳。因此，乳头必须结实而紧致，以保证蓄乳时所需的闭合力。但挤奶过程中括约肌必须能完全放松，以便排出全部乳汁。

2.**不良型** 不良的乳头形状会使母羊的乳汁流量少且与奶杯不相吻合，使集约化奶山羊场的挤奶效率大打折扣。不良形态的乳头可能会受伤和感染，并蔓延到整个乳房。由粗到细的乳头形态见图8-19，不良形态的乳头见图8-20。

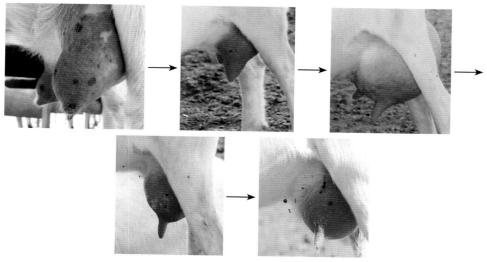

图8-19 由粗到细的乳头形态（箭头所示）

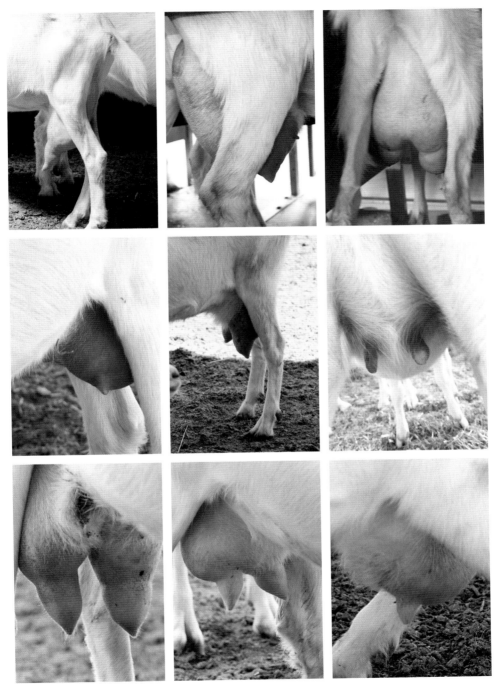

图8-20　各种不良形态的乳头

（1）偏乳 因长期不良的挤奶操作导致左、右两个乳半球呈现巨大差异，或者因乳房疾病导致单侧乳房缺失的个体（图8-21），其产奶量低，乳房健康程度差，均不宜选留。

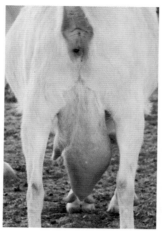

图8-21 偏乳及单侧乳腺缺失

（2）附乳 是奶山羊乳房赘肉或衍生物（图8-22），部分附乳能挤出乳汁是因为在乳池侧面形成了局部瘘孔，但其本身并不具备正常乳头的泌乳功能。据统计，羊群中有8%～12%的奶山羊个体存在附乳。有些养殖者在发现附乳存在时会剪掉或用细线绑住它们。此操作可能有助于增加母羊泌乳系统外观的美观度，但不会改变其遗传性能。附乳属于不良遗传缺陷，新西兰奶山羊协会明确规定，拥有附乳的个体即便使用外科手术去掉，也不能登记成为种羊。因此，建议在后备羊源充足的情况下，将附乳奶山羊逐渐淘汰出群。

（3）乳房慢性漏乳 此情况分为两种，一种是乳头漏乳，通常是由于乳头导管括约肌无力导致的，每当乳池充满乳汁后羊乳会滴落下来，在后蹄之间留下奶渍，并且在羊周围经常能闻到酸乳的味道；另一种是乳房侧壁漏乳。漏乳不但浪费羊乳，减少经济效益，而且还会威胁乳房健康。因为长期开放的乳孔和瘘孔为病

图8-22 乳头附乳

毒与细菌提供了侵入途径，在乳房侧壁上形成奶疮，不进行处理将导致乳房溃烂（图8-23）。因此，漏乳是一个严重的缺陷，需要及时淘汰有漏乳的奶山羊。然而，一些高产奶山羊乳池充盈后，长时间不进行挤奶操作也可能会渗漏。因此，要严格加以区分此与漏乳的区别，避免误判。

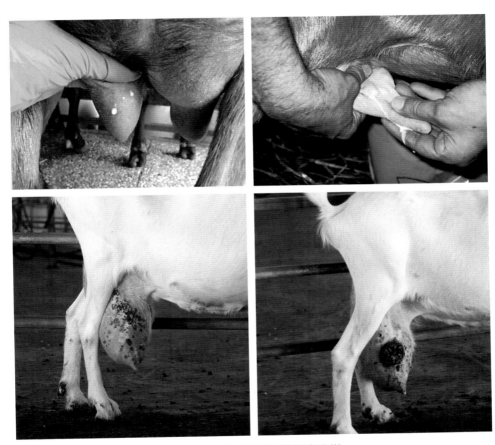

图8-23　由漏乳导致的乳房溃烂

奶山羊生殖系统鉴定技术

一、公羊生殖鉴定技术

公羊生殖器官外部主要由睾丸、附睾、阴囊和阴茎组成（图9-1）。

图9-1 正常公羊生殖器外观

睾丸是产生精子和雄性激素的器官，左、右各1个，呈稍扁的椭圆形。表面光滑，外侧面稍隆凸，与阴囊外侧壁接触；内侧面平坦，与囊中隔相贴。有些公羊睾丸左、右大小不一致，挑选时需注意。附睾是储存精子和精子进一步成熟的场所，位于睾丸下缘。有些公羊附睾缺失，睾丸下缘光滑平整呈卵形；有些公羊左右睾丸大小不一（图9-2），甚至严重者单侧睾丸缺失，阴囊呈半圆形（图9-3），此二者均不能留种。阴囊呈袋状的腹壁囊，借腹股沟管与腹腔相通，相当于腹腔的突出部。阴囊皮肤柔软，富有弹性，表面生有短而细的毛，内含丰富的皮脂与汗腺。阴囊正中有阴囊缝，将阴囊从外表分为左、右两部分。睾丸悬于体外具有调节温度的作用，以利于精子的发育和生存。

阴茎为公羊排尿、排精和交配的器官，附着于两侧的坐骨结节，经左、右股部之间向前延伸至脐部后方，可分阴茎根、阴茎体和阴茎头三部分。奶山羊公羊正常阴茎长25～30cm，交配时伸出部分长15～17cm（图9-4）。

图9-2　左、右不对称睾丸　　　图9-3　单侧睾丸缺失

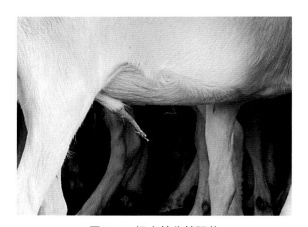

图9-4　奶山羊公羊阴茎

二、母羊生殖鉴定技术

　　奶山羊母羊的外生殖器官主要包括外阴与阴道（图9-5）。外阴位于肛门腹侧，由左、右两片阴唇构成，两阴唇间的裂缝称为阴门裂。阴门腹侧联合前方有一阴蒂窝，内有小而凸出的阴蒂，由海绵体构成，为退化的公畜阴茎，具有丰富的感觉神经。阴道既是母羊的交配器官，又是产道，呈扁管状，位于骨盆腔内子宫后方，向后延伸并连接尿生殖前庭，其背侧为直肠，腹侧为膀胱及尿道。子宫颈口突出阴道，形成一环状或半环状陷窝，称为阴弓隆。

如若阴蒂过大、过粗，长度超过1.5cm，则考虑视为"兼性羊"。通常情况下，此类个体不具备生育能力（图9-6）。造成这种情况的主要原因有两种，一种是真两性畸形嵌合体，即在同一性腺中会有卵巢及睾丸组织同时发育。真两性畸形动物的组织解剖学特点是既有睾丸组织又有卵巢组织，形成"卵睾体（ovotes-tes）"（图9-7），子宫颈保留褶皱结构，卵巢为发育不完全的"睾丸"，常见于奶山羊和猪。这类畸形动物在出生时通常被认为是雌性，其外生殖器官和生殖道与雌性动物无异，但在达到性成熟时体格一般要比正常的雌性大，头似雄性，颈部被毛竖起，乳头细而小，阴茎呈杆状并且较短。另一种是胚胎期羔羊在母体子宫内受到母源激素的影响，造成生殖系统分化发育过程紊

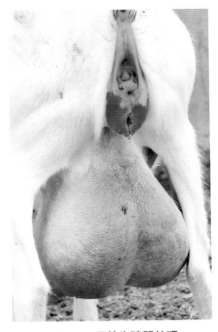

图9-5 母羊生殖器外观

乱。此类羊多在胚胎期尤其是生殖器官发育的关键时期，妊娠母羊体内雄性激素过高，导致雌性羔羊胎儿外生殖器雄性化，表现为阴蒂增大及左、右阴唇有

图9-6 阴蒂过大的兼性羊

不同程度的融合。兼性羊不仅不能生育，而且因产道狭小易发生粘连。为减少饲养成本，应尽早淘汰。

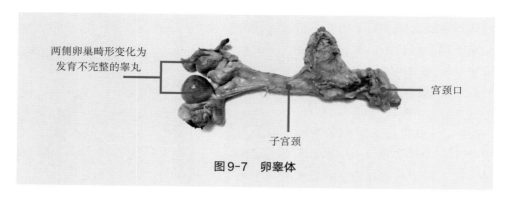

两侧卵巢畸形变化为
发育不完整的睾丸

宫颈口

子宫颈

图9-7　卵睾体

据不完全统计，"兼性羊"在群体内的出生率约为3%，且全部为无角。有报道称纯合无角基因常常伴随两性畸形，因此在奶山羊新品种培育过程中，不应将"无角"作为育种目标；同时，进行选种选配时，建议父本或母本中至少有一方有角。

参考文献 References

阿斯道恩、多恩，2012. 反刍动物解剖学彩色图谱[M]. 陈耀星、曹静等译. 北京: 中国农业出版社.

艾略特·古德芬格，2021. 牛津艺用动物解剖学[M]. 毕竞译. 上海: 上海人民美术出版社.

储明星，师守堃，1999. 奶牛体型线性评定及其应用[M]. 北京: 中国农业科技出版社.

崔中林，罗军，2005. 规模化安全养奶山羊综合新技术[M]. 北京: 中国农业出版社.

董常生，2012. 家畜解剖学[M]. 4版. 北京: 中国农业出版社.

韩国才，2014. 相马[M]. 北京: 中国农业出版社.

李庆章，2011. 奶山羊乳腺发育与泌乳生物学[M]. 北京: 科学出版社.

刘荫武，曹斌云，1990. 应用奶山羊生产学[M]. 北京: 轻工业出版社.

马全瑞，2003. 奶山羊生产技术问答[M]. 北京: 中国农业大学出版社.

马仲华，2002. 家畜解剖学及组织胚胎学[M]. 3版. 北京: 中国农业出版社.

师守堃，刘忠贤，1990. 奶牛体型线性评定[M]. 增刊. 北京: 中国奶牛协会.

王锋，2012. 动物繁殖学[M]. 北京: 中国农业大学出版社.

王会香，2008. 动物解剖原色图谱[M]. 合肥: 安徽科学技术出版社.

王铁权，1975. 马匹外貌鉴定图说[M]. 西宁: 青海人民出版社.

王勇强，高腾云，1993. 英国的奶山羊生产[J]. 内蒙古畜牧科学(2): 44-46.

熊本海，恩和，2011. 绵羊实体解剖学图谱[M]. 北京: 中国农业出版社.

杨银凤，2011. 家畜解剖学及组织胚胎学[M]. 北京: 中国农业出版社.

尹福昌，1984. 相马知识[M]. 哈尔滨: 黑龙江科学技术出版社.

张鹤平，2015. 羊的行为与精细饲养管理技术指南[M]. 北京: 化学工业出版社.

周变华、王宏伟、张旻，2017. 山羊解剖组织彩色图谱[M]. 北京: 化学工业出版社.

Considini H, Trimberger G W, 1985. Dairy goat judging techniques[M].2nd ed.America: Dairy Goat Journal Publishing Corporation.

Owen L N, 1908.The illustrated standard of the dairy goat[M].Arizona: Dairy Goat Journal Publishing Corporation.

后 记 Postscript

　　相畜技术，即是现在我们所说的"体型外貌鉴定技术"的前身，是通过家畜的外貌来鉴定其用途及性能优劣，以便有所取舍。我国历史上劳动人民的相畜经验非常丰富，并且敏锐地注意到家畜身体的各部位与生产性能彼此间的相互关系，通过长期积累逐步发展集中形成了《相马经》《相牛经》《元亨疗马集》《新刻马书》等早期畜牧学方面的著作，"伯乐相马"和"宁戚相牛"就是应用传统经验的体型评定进行相畜的典范。不过从现代科学理论的验证来看，传统经验的体型评定是不全面、不完整、不系统的，也不乏荒谬和迷信的理论，在现今畜牧科学领域很多已不再适用。本书介绍的奶山羊体型外貌鉴定技术是以家畜解剖学及生理学为理论基础，结合奶山羊体表构造与泌乳系统机能状况，并对应适合集约化生产的理想奶山羊体型标准，分别进行部位和整体的描述比较，以此来判断奶山羊个体的优劣。

　　但是，本书中提到的技术目前还缺少大数据支撑。另外，奶山羊的生产性能还与年龄、性别、健康状况、生产管理水平等都有不可分割的密切联系，不可一概而论。因此，本书中提到的奶山羊体型外貌鉴定技术只能作为奶山羊育种工作中最为基础的一步，只能定性初步描述奶山羊个体的优劣。下一步需要根据不同奶山羊品种特点进行参数范围的确定，以经典数量遗传学理论作为构架支撑，结合现代高效、快速扩繁技术及分子育种技术，形成奶山羊良种培育技术体系。只有对奶山羊进行科学、合理、不间断地鉴定及评价、世代选育，才能使我国奶山羊的生产性能得到不断提高。

与国外相比，我国奶山羊种业存在的最主要问题是"多而不强"，缺少特点鲜明的"招牌品种"。我国没有原生奶山羊品种，依照农业农村部种业管理司公布的《国家畜禽遗传资源品种名录》（2020年版），我国通过畜禽遗传资源委员会审定的奶山羊品种有4个，分别是崂山奶山羊、关中奶山羊、雅安奶山羊和文登奶山羊，且均为培育品种。除上述四者之外，还有一些耳熟能详的奶山羊优秀类群，如延边奶山羊、河南奶山羊、唐山奶山羊、洪洞奶山羊、广州奶山羊等。虽尚未经过国家鉴定，但经各地畜牧工作者的长期选育后仍不失为乳用生产性能优良的遗传资源。早在中华人民共和国成立初期，上述品种的奶山羊在我国民众的优质蛋白补充方面就起到了非常关键的作用。但我国奶山羊良种繁育体系尚未建立完善，缺少统一的规划，有些奶山羊遗传资源情况已不容乐观，有些在小环境内多年封闭饲养，近交系数陡增，萎缩退化情况严重；有些在民间与地方山羊混养，乳羊肉用、无序杂交，泌乳相关的优良基因随时面临丢失的风险；还有一些已经空留其名，难觅踪迹。虽然近些年羊奶产业势态较好，但这些品种想要重新恢复种群，通过本品种选育的方式来提高生产性能的难度很大。

西北农业大学教授刘荫武老先生给我们后人做了很好的范例。刘老先生在艰难的战争岁月和中华人民共和国成立初期，利用西方传教士带入我国的30多只进口萨能奶山羊，通过长期小群闭锁选育的方式，培育出了西农萨能奶山羊，再通过与陕西省地方羊种杂交的方式推广辐射，提高良种覆盖率与生产性能，最终育成了我国数量最多、分布范围最广的奶山羊品种——关中奶山羊。现阶段我国奶山羊产业想要走上快速提高产量的捷径，同样必须选择"进口引种＋杂交改良"的方式。目前能向我国出口活羊及冻精冻胚等遗传物质的国家只有澳大利亚与新西兰，因此在目前羊奶需求势头强劲的时候，很多企业都从这两个国家引种，通过纯繁扩群或杂交改良的方式导入优良基因，以快速提高奶山羊的生产性能。这对丰富我国奶山羊品种资源不仅具有积极而深远的意义，而且也可逐渐摆脱对进口种羊过度依赖的现状。

奶山羊作为一种小型反刍奶畜，与奶牛、肉羊既有共同点，又存在着较大的差异。尤其是现阶段国内奶山羊集约化、规模化养殖刚刚起步，在全世界范围内尚无成熟可借鉴的经验与模式。从业者沿用照搬已经成熟的奶牛或肉用绵羊养殖技术方案来饲养奶山羊难以取得理想的效果，需要有针对性地开展奶山羊养殖技术研发。

建议采用"数量遗传学分析＋高效繁育技术应用＋分子生物学检测"的模式，多管齐下，加速奶山羊的育种进程。第一，建立详细而准确的血统记录与生产数据档案。血统记录与生产数据档案是开展新品种培育的工作基础，缺少数据支撑，将无法进行公羊评估、母羊选择、高产羊利用、低产羊淘汰等一系列工作。想要开展新品种培育，积累宝贵的原始数据是必不可少的。第二，开展传统数量遗传学育种评估。通过经典数量遗传学方法对数据进行整理、分析、评估，利用生产技术数据发现饲养环节中的问题，能指导提升生产和管理水平，对育种核心群的产奶性能进行评估，优化群体结构，为提高精准饲喂与管理提供依据。第三，普及推广奶山羊高效扩繁技术。此可以最大限度地缩短世代间隔，采用鲜精延期保存及中长距离运输、冷冻精液制作、反季节性发情调控、催情补饲等实用技术，能提高良种公羊使用效率与母羊繁育效率。第四，辅助开展现代分子生物学技术的应用。现今法国、新西兰、澳大利亚等国已成功研发出奶山羊全基因组单核苷酸多态性（single nucleotide ploymorphism，SNP）选择芯片，并将之运用到生产实践中。这项技术是通过生产数据先找出筛选目标性状，再进行全基因组重测序，找到不同性状的差异SNP位点，最后利用高通量SNP检测技术进行分型检测，开发出高密度或低密度选择芯片，实现在羔羊初生阶段即可预测其生产性能与潜力，从而为早期选留提供依据，以大大节约培育饲养成本，提高选种效率。

本书从编写框架到成稿，前前后后历经五年汇总而成。一路上需要感谢的专家与老师有很多，内蒙古农业大学芒来教授多年给予笔者辛勤指导与培育，董润利教授指引我进入奶山羊研究领域，中国农业大学李军教授帮忙给稿件润色，海南大学王凤阳教授从奶山羊疫病角度予以指导，也有团队成员日日夜夜的坚守与辛苦付出。在本书即将付梓之际，对他们的付出和帮助再次表示衷心的致谢！

编　者

2021年秋